Herausgegeben von oekom e.V. – Verein für ökologische Kommunikation

www.blauer-engel.de/uz195

· ressourcenschonend und
umweltfreundlich hergestellt
· emissionsarm gedruckt
· überwiegend aus Altpapier

Dieses Druckprodukt ist mit dem Blauen Engel ausgezeichnet

Bibliografische Information der Deutschen Nationalbibliothek: Die Deutsche Nationalbibliothek verzeichnet diese Publikation in der Deutschen Nationalbibliografie; detaillierte bibliografische Daten sind im Internet über http://dnb.d-nb.de abrufbar.

© 2022 oekom, München
oekom verlag, Gesellschaft für ökologische Kommunikation mbH
Waltherstraße 29, 80337 München

Umschlaggestaltung, Layout und Satz: Lone Birger Nielsen
Lektorat: Anke Oxenfarth, Marion Busch

Druck: Westermann Druck Zwickau GmbH
Gedruckt auf 100% FSC-Recylingpapier (außen: Circleoffset White; innen: Circleoffset White), zertifiziert mit dem Blauen Engel (RAL-UZ 14)

ISBN: 978-3-98726-003-2

oekom e.V. – Verein für ökologische
Kommunikation (Hrsg.)

Zukunftsfähige Chemie

Impulse für eine nachhaltige Stoffpolitik

Mitherausgegeben vom
Wissenschaftlichen Beirat des BUND

politische ökologie ⋮ Die Reihe für alle, die weiter denken

Die Welt steht vor enormen ökologischen und sozialen Herausforderungen. Um sie zu bewältigen, braucht es den Mut, ausgetretene Denkpfade zu verlassen, unliebsame Wahrheiten auszusprechen und unorthodoxe Lösungen zu skizzieren. Genau das tut die *politische ökologie* mit einer Mischung aus Leidenschaft, Sachverstand und Hartnäckigkeit.

Die *politische ökologie* schwimmt gegen den geistigen Strom und spürt Themen auf, die oft erst morgen die gesellschaftliche Debatte beherrschen. Die vielfältigen Zugänge eröffnen immer wieder neue Räume für das Nachdenken über eine Gesellschaft, die Zukunft hat.

Herausgegeben wird die *politische ökologie* vom
oekom e.V. – Verein für ökologische Kommunikation.

Dass chemische Erzeugnisse ein zweischneidiges Schwert sind, wissen Politik und Öffentlichkeit seit 60 Jahren. Die US-amerikanische Biologin Rachel Carson hatte damals in ihrem Bestseller „Der stumme Frühling" eindrücklich die verheerenden Risiken und Nebenwirkungen von Chemikalien sowie die wirtschaftlichen Interessenverflechtungen, gepaart mit sträflicher Gedankenlosigkeit und Inkompetenz der Behörden, geschildert. Damit hat sie alle wichtigen Themen angesprochen, die in der Debatte um Chemikalien bis heute eine Rolle spielen.

Seit diesem Weckruf von 1962 ist politisch einiges passiert. DDT und Asbest wurden zumindest im Globalen Norden verboten, die Regulierung und Kontrolle von Gefahrenstoffen haben zugenommen. Dennoch sterben jedes Jahr weltweit noch immer 1,6 Millionen Menschen an den Auswirkungen gefährlicher Chemikalien. Kein Wunder, denn ihre Produktion und Verwendung haben seit den 1960er-Jahren massiv zugenommen. Inzwischen sind synthetische Stoffe unsere ständigen Begleiter. Sie sind in fast allem enthalten, was wir anziehen, essen oder täglich benutzen.

Viele dieser Chemikalien sind gesundheitsgefährdend und schädlich für die Umwelt. Wie schädlich genau ist häufig aber gar nicht bekannt, weil sich die Chemikalienpolitik bislang zu sehr auf Einzelstoffe beschränkt und den Anforderungen des Vorsorgeprinzips nicht immer gerecht wird. Fest steht hingegen, dass ein gutes Drittel der Treibhausgasemissionen mit der Herstellung von Stoffen, ihrer Verarbeitung und ihrem weltweiten Transport zusammenhängt. Mehr noch, stoffliche Belastungen haben einen vergleichbaren Einfluss auf das Schicksal unseres Planeten wie Klimawandel und Artensterben! Höchste Zeit also für ein international verbindliches Chemikalien- und Abfallmanagement. Wie weitere Eckpfeiler einer nachhaltigen Stoffpolitik aussehen, lesen Sie in dieser Ausgabe der *politischen ökologie*.

Anke Oxenfarth
oxenfarth@oekom.de

Inhaltsverzeichnis

Toxikologie

Reaktionsschemata

Impulse

Spektrum Nachhaltigkeit

Rubriken

Für die gute Zusammen-
arbeit und die finanzielle
Unterstützung danken wir
dem Wissenschaftlichen
Beirat des BUND.

Bund für
Umwelt und
Naturschutz
Deutschland

FRIENDS OF THE EARTH GERMANY

Töter allen Lebens

„Die Macht dieser Spritz- und Sprühmittel ist groß: Sie töten jedes Insekt, die
»guten« wie die »schlechten«, sie lassen den Gesang der Vögel verstummen
und lähmen die munteren Sprünge der Fische in den Flüssen. Sie überziehen
die Blätter mit einem tödlichen Belag und halten sich lange im Erdreich – all
dies, obwohl das Ziel, das sie treffen sollen, vielleicht nur in ein wenig Unkraut
oder ein paar Insekten besteht. Kann irgend jemand
wirklich glauben, es wäre möglich, die Oberfläche der
Erde einem solchen Sperrfeuer von Giften auszusetzen,
ohne sie für alles Leben unbrauchbar zu machen? Man
sollte die Stoffe nicht Insektizide, Insektenvertilgungs-
mittel, sondern »Biozide«, Töter allen Lebens, nennen."

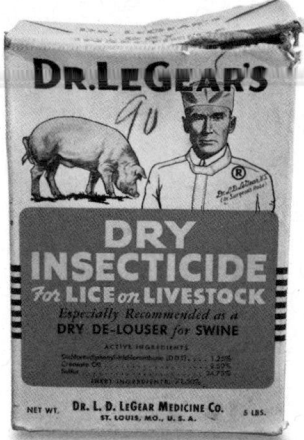

_ Quelle: Carson, R.: Der stumme Frühling. Der Öko-Klassiker mit einem
Vorwort von Jill Lepore, München 2019, S. 33.

Insektizidpulver zur Entlausung von Vieh,
speziell geeignet für Schweine. Ein Ausstellungs-
objekt der Rachel Carson Homestead Association.
© Foto: Dieter Steiner.

„*Der stumme Frühling* gab zweifellos einen entscheidenden Anstoß für das
später in vielen Ländern beschlossene Verbot der dauerhaften Chlorkohlen-
wasserstoffe (CKW). Die Abkehr von diesen Chemikalien war für die Industrie
ein schwerer Schlag, aber sie hat es verstanden, sich mit der Entwicklung und
Produktion immer neuer Gifte mehr als schadlos zu halten. Wird ein Produkt
aus dem Verkehr gezogen, kann sie sich darauf verlassen, dass es eine
Nachfrage nach Ersatzstoffen gibt."

_ Quelle: Steiner, D.: Rachel Carson. Pionierin der Ökologiebewegung.
Eine Biographie. München 2014, S. 335.

„Die Zeit der chemischen Pestizide ist vorbei."

Stella Kyriakides, EU-Kommissarin für Gesundheit,
im Juni 2022 bei der Vorstellung des Entwurfs der Verordnung zur
nachhaltigen Anwendung von Pflanzenschutzmitteln
(„Sustainable use of pesticides regulation").

_ Quelle: https://ec.europa.eu/commission/presscorner/detail/en/SPEECH_22_4243

Hochgefährlich und hochprofitabel

Die weltweit agierenden »Chemieriesen« verdienen noch immer eine Menge Geld mit der Produktion von Pestiziden, Herbiziden und Insektiziden. Die Abbildung zeigt den Anteil hochgefährlicher Substanzen am Umsatz der fünf größten Pestizidunternehmen der Welt in Prozent sowie ihren jeweiligen Umsatz mit hochgefährlichen Substanzen auf ihren fünf wichtigsten Märkten im Jahr 2018 in Millionen US-Dollar.

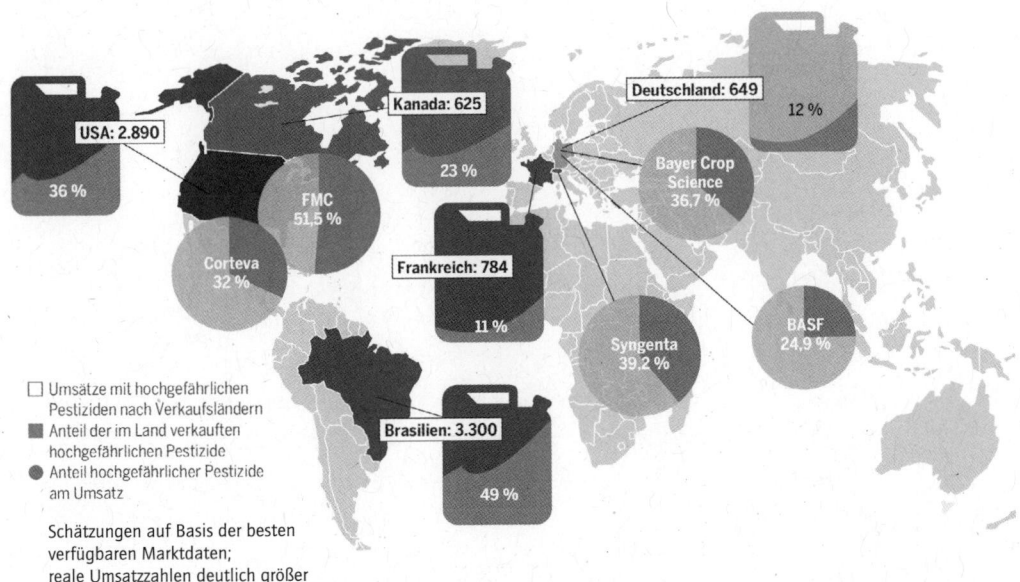

Kanada: 625 — 23 %
USA: 2.890 — 36 %
Deutschland: 649 — 12 %
FMC 51,5 %
Corteva 32 %
Bayer Crop Science 36,7 %
Frankreich: 784 — 11 %
BASF 24,9 %
Syngenta 39,2 %
Brasilien: 3.300 — 49 %

☐ Umsätze mit hochgefährlichen Pestiziden nach Verkaufsländern
■ Anteil der im Land verkauften hochgefährlichen Pestizide
● Anteil hochgefährlicher Pestizide am Umsatz

Schätzungen auf Basis der besten verfügbaren Marktdaten; reale Umsatzzahlen deutlich größer

_ Quelle: Pestizidatlas, Eimermacher/Puchalla (M), CC-BY 4.0, boell.de/pestizidatlas2022

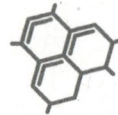

Globale Regeln für Chemikalien

1989 wurde im **Basler Übereinkommen** die Kontrolle des Im- und Exports gefährlicher Abfälle und ihre Entsorgung geregelt. Seit Mai 2019 gehören auch Plastikabfälle zu den durch die Konvention abgedeckten Stoffen.

1998 regelte die **Rotterdam-Konvention** den Handel mit bestimmten gefährlichen Chemikalien, Pflanzenschutz- und Schädlingsbekämpfungsmitteln und etablierte die Übermittlung von Informationen über Risiken und den sachgemäßen Umgang mit Chemikalien, bevor diese über Grenzen hinweg verbracht werden.

2001 wurden in Stockholm zwölf langlebige organische Schadstoffe, sogenannte POPs (persistent organic pollutants), weltweit verboten beziehungsweise deren Freisetzung reglementiert. Diese auch als „das dreckige Dutzend" bekannten Schadstoffe sind organische Chlorverbindungen. Dazu zählen Pestizide wie DDT und Lindan, polychlorierte Biphenyle (PCBs) sowie Dioxine und Furane. Diese Stoffe können krebserregend sein, das Erbgut schädigen oder Missbildungen verursachen. Inzwischen hat die Weltgemeinschaft mehr als 30 langlebige organische Schadstoffe und Schadstoffgruppen im **Stockholm Übereinkommen** gelistet. Und weitere sieben Stoffe sind zur Aufnahme vorgeschlagen.

Die **Minamata-Konvention** von **2013** enthält konkrete Vorschriften zu quecksilberhaltigen Produkten, die ab 2020 verboten oder nur noch mit Einschränkungen gehandelt werden sollen, beispielsweise Fieberthermometer, Batterien, aber auch Seifen und Kosmetika.

2006 wurde unter dem Dach der Vereinten Nationen der **Strategische Ansatz zum Internationalen Chemikalienmanagement** (Strategic Approach to International Chemicals Management, kurz SAICM) ins Leben gerufen. Dabei handelt es sich um eine freiwillige Rahmenvereinbarung, deren Beschlüsse völkerrechtlich nicht bindend sind.

_ Quelle: www.giftfreie-zukunft.org/hintergrund

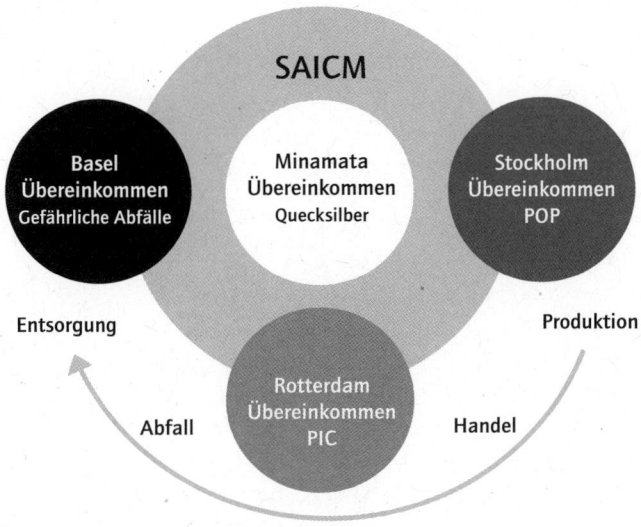

_ Quelle: www.umweltbundesamt.de/sites/default/files/medien/1968/
publikationen/uba_hintergrund_saicm_final_barrierefrei.pdf, S.6.

Für das Recht auf eine giftfreie Zukunft

„Eine zentrale Bedeutung hat das Vorsorgeprinzip, festgehalten im Prinzip 15 der Rio-Deklaration, das heißt das Vermeiden und Beseitigen von Stoffen bei einem begründeten Verdacht auf eine umwelt- oder gesundheitsschädliche Wirkung. Dies sollte in einem künftigen Abkommen Priorität haben. Es muss ein klares Bekenntnis geben, sichern, auch nicht chemischen Methoden und Alternativen Vorrang einzuräumen, einschließlich der Agrarökologie und ökosystembasierter Ansätze für die Landwirtschaft. Vorsorgeprinzip und Verursacherprinzip sowie die Umkehr der Beweislast auf Produzent(inn)en und In-Verkehr-Bringer(innen), müssen in einem künftigen SAICM die Grundlage sein für eine klare Hierarchie, die Prävention an erste Stelle setzt, gefolgt vom Prinzip der Minimierung und Beseitigung von umwelt- und gesundheitsschädlichen Chemikalien."

_ Quelle: Stellungnahme deutscher NGOs zum Verhandlungsprozess für ein neues Abkommen zum nachhaltigen und giftfreien Umgang mit Chemikalien und Abfällen nach 2020 (SAICM Beyond 2020-Prozess im Juli 2021). Hervorhebung: ao.

Die zwölf Prinzipien der Grünen Chemie

1. Abfallvermeidung
2. Vermeidung von Nebenprodukten (Atomökonomie)
3. Durchführung von Synthesen mit weniger gefährlichen Stoffen
4. Herstellung möglichst sicherer und umweltfreundlicher Chemikalien
5. Einsatz umweltfreundlicher Löse- und Hilfsmittel
6. Einsatz energieeffizienter Verfahren
7. Einsatz erneuerbarer Rohstoffe
8. Vermeidung von Derivaten als Zwischenstufen in Synthesen
9. Einsatz von Katalysatoren
10. Herstellung biologisch abbaubarer Stoffe
11. Einsatz von Prozessanalytik zur laufenden Überwachung der Synthesen
12. Unfallvermeidung

_ Quelle: Basierend auf: Anastas, P. T. / Warner, J. C.: Green Chemistry: Theory and Practice, Oxford University Press: New York, 1998, S. 30.

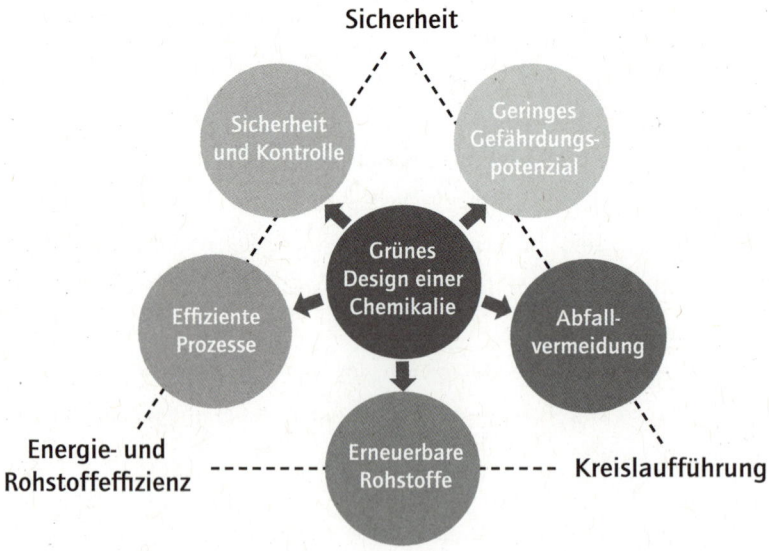

_ Quelle: www.grünechemie.sterreich.at/was-ist-gruenechemie.

Nachhaltiges Management von Chemikalien und Stoffen

Eine andere Chemie ist möglich

Angesichts gravierender globaler Umweltveränderungen braucht es beim Umgang mit Chemikalien und Stoffströmen schnelles, konsequentes und global vernetztes Handeln. Das wäre auch ein wichtiger Baustein hin zu einer Wirtschaftsweise, die die Grenzen des Planeten ernst nimmt und Naturgütern einen Wert zuspricht.

Von Markus Große Ophoff und Klaus Günter Steinhäuser

Seit 1950 ist die chemische Produktion um das 50-Fache gestiegen. Bis 2050 wird sich diese Menge voraussichtlich noch einmal verdreifachen. Auf dem Weltmarkt werden schätzungsweise 350.000 verschiedene Chemikalien hergestellt. Dazu zählen unter anderem Kunststoffe, Pestizide, Industriechemikalien sowie Chemikalien in Konsumgütern und Arzneimitteln (vgl. S. 48 ff.). Es handelt sich um Stoffe, die durch menschliche Aktivität entstanden sind oder freigesetzt werden. Die Auswirkungen auf das Erdsystem sind oft weitgehend unbekannt. Die meisten dieser Stoffe gab es vor Beginn der menschlichen Aktivitäten in der Umwelt nicht oder nur in deutlich geringeren Konzentrationen. Viele Stoffe wie Plastik oder Fluorchemikalien werden in der Umwelt kaum biologisch abgebaut.

Die EU einigte sich Ende 2006 mit der Chemikalienverordnung REACH (Registrierung, Evaluierung und Autorisierung von Chemikalien) auf das bis heute fortschrittlichste Chemikaliengesetz der Welt. Nicht mehr der Staat oder die Gesellschaft, sondern Hersteller(innen) und Importeure sind seitdem verpflichtet nachzuweisen, dass ihre Stoffe und Stoffgemische ohne Risiken für Gesundheit und Umwelt verwendet werden können. Zu diesem Zweck müssen sie die vorgeschriebenen Sicherheitsdaten in Form von Registrierungsdossiers einreichen. Ein Hauptziel von REACH ist es, Stoffe mit besonders kritischen Eigenschaften (Substances of Very High Concern, SVHC) zu erfassen und diese durch weniger schädliche Stoffe oder Verfahren zu ersetzen.

Doch REACH hat auch Schwächen. Bis zum Ersatz von gefährlichen Stoffen braucht es oft sehr lange. Zudem werden gefährliche Stoffe häufig durch ähnliche Substanzen ersetzt, die sich dann Jahre später ebenfalls als gefährlich herausstellen. Leider enthält die bisherige Gesetzgebung auch keinerlei Regelungen, um die Produktion und Freisetzung von Chemikalien insgesamt zu verringern (vgl. S. 26 ff.). Während die Kohlendioxidemissionen aktuell auf viel zu hohem Niveau stagnieren und durch das Paris-Abkommen auf Netto-Null gebracht werden sollen, gibt es für die Produktion chemischer Stoffe keine Reduktionsziele oder Obergrenzen.

Langlebig mit globalen Auswirkungen

Im Jahr 2009 erzielte das Konzept der planetaren Leitplanken (1) weltweit Aufmerksamkeit. Die Autor(inn)en präsentierten ihren wissenschaftlichen Ansatz mit dem Ziel, die Stabilität unseres Planeten zu beschreiben und die planetaren Grenzen, was die Erde aushalten kann, zu definieren. Es folgten viele weitere Arbeiten zu diesem Thema. Menschliche Aktivitäten haben demnach ein Niveau erreicht, das die Belastbarkeit der Erdsysteme ernsthaft stören könnte. Es werden neun Prozesse beschrieben, die für die Stabilität des Systems Erde entscheidend sind (Vgl. Abb. 1). Einer dieser Prozesse sind die „Neuen Substanzen", also die Belastung des Erdsystems durch anthropogene Stoffe sowie durch veränderte Lebensformen wie Produkte der synthetischen Biologie. Jüngst bewerteten Linn Persson et al. deren Auswirkungen auf die Stabilität des Erdsystems. (2) Sie kamen zu dem alarmierenden Schluss, dass die Menschheit die planetare Grenze für Neue Substanzen bereits überschritten hat.

Das Erdsystem wird auch durch andere chemische Prozesse wie atmosphärische Aerosole, biogeochemische Stickstoff- und Phosphorflüsse und den Abbau der Ozonschicht in der Stratosphäre gefährdet. Eine bekannte und quantifizierbare

1 Planetare Grenzen

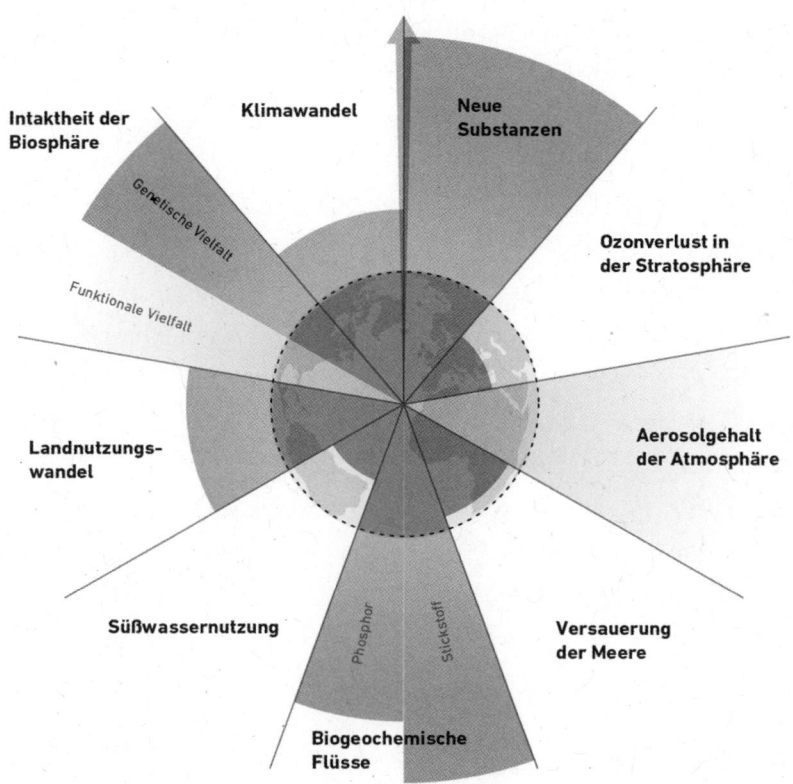

_Quelle: Design von Azote für das Stockholm Resilience Centre, basierend auf der Analyse von Persson et al. (2) und Steffen et al. (3)

globale Grenze ist der Klimawandel, der auf der anhaltend hohen Freisetzung von Treibhausgasen beruht. Dies bedeutet: Die rasche Zunahme der Stoffströme und der Nutzung nicht erneuerbarer Ressourcen sowie die steigenden stofflichen Belastungen führen zu einer Überschreitung auch anderer, für die Stabilität des Erdsystems entscheidender Prozesse. Die sogenannte Große Beschleunigung zahlreicher ökologischer und sozioökonomischer Parameter durch menschliche Aktivitäten ab etwa 1950 ist eng mit unserem Umgang mit Stoffen verknüpft. (4) Letztlich führt dies auch zu dramatischen Verlusten der biologischen Vielfalt.

Drei Kriterien müssen Chemikalien erfüllen, um globale Auswirkungen zu haben:

1. Sie sind persistent (über längere Zeiträume in der Umwelt stabil),

2. sie sind über große Entfernungen wie Klimazonen oder Kontinente mobil und entsprechend weitverbreitet und

3. sie sind in der Lage, wichtige Prozesse des Erdsystems oder seiner Teilsysteme zu beeinflussen. (5)

Die Freisetzung hochpersistenter und mobiler Chemikalien in die Umwelt ist damit generell problematisch und erfordert vorsorgende Maßnahmen. Ihre irreversiblen Auswirkungen auf Ökosysteme und die menschliche Gesundheit erstrecken sich über lange Zeiträume und große Gebiete und können sich in Organismen der aquatischen und terrestrischen Nahrungsnetze anreichern. Daher ist die Persistenz ein zentrales Merkmal, das wesentlich zur hohen Belastung von Menschen und Umwelt durch Chemikalien beiträgt. Eindrucksvoll zeigen dies die Fluorchlorkohlenwasserstoffe (FCKW) und Mikroplastik, die zwar ungiftig sind, aber große, globale Umweltprobleme verursachen (vgl. S. 67 ff.). Fluorchemikalien (PFAS) sind weitere Beispiele für außerordentlich persistente Stoffe. Sie verbleiben über Jahre bis Jahrzehnte in der Umwelt und werden daher als Für-immer-Chemikalien („forever chemicals") bezeichnet. (6)

Chemie und nachhaltige Entwicklung

Schon seit mehr als 20 Jahren wird über eine nachhaltige Chemie nachgedacht, denn ein nachhaltiges Chemikalien- und Stoffmanagement ist absolut erforderlich. Es geht weit über das hinaus, was traditionell als sicherer Umgang mit Chemikalien angesehen wird. Es umfasst und verbindet als übergreifendes Konzept sowohl Chemikalien- und Stoffstrommanagement als auch das Management von Rohstoffen, Ressourcen, Produkten und Abfällen. Es muss auf den Grundsätzen der Vorsorge und der Nachhaltigkeit beruhen (vgl. S. 44 ff.).

Das Vorsorgeprinzip verlangt, dass immer dann gehandelt wird, wenn es nachvollziehbare Gründe zur Besorgnis gibt, auch wenn noch kein schlüssiger Nachweis eines Kausalzusammenhangs gegeben ist, während Nachhaltigkeit bedeutet, die Bedürfnisse der heutigen Generation zu erfüllen, ohne die Bedürfnisse künftiger Generationen zu beeinträchtigen. Nachhaltigkeit adressiert somit insbesondere die

Zeitskala. Allein dadurch wird bereits klar, dass vor allem langlebige, persistente Stoffe besonderer Beachtung bedürfen (vgl. S. 54 ff.). Die im Jahr 2015 von der Generalversammlung der Vereinten Nationen beschlossenen 17 Globalen Ziele für nachhaltige Entwicklung, die bis 2030 erreicht werden sollen, konkretisieren die Anforderungen an die Nachhaltigkeit.

Zweifellos braucht es zur Erreichung dieser Ziele auch Lösungen mit chemischen Stoffen und Verfahren: Energiegewinnung und -speicherung, Hygiene und Gesundheit sowie Mobilität sind Beispiele für Bedürfnisfelder, die sich ohne Chemie nicht nachhaltig gestalten lassen. Viele Chemikalien allerdings gefährden die menschliche Gesundheit und die Umwelt. Das Anschwellen der Stoffströme nimmt ein Ausmaß an, das die Erreichung der nachhaltigen Entwicklungsziele infrage stellt. Nachhaltige Chemikalien sollten keine gefährlichen Eigenschaften haben und von Natur aus gutartig („benign by design") sein. Gefährlichkeit ist zwar nicht völlig auszuschließen, wenn – wie etwa bei Brennstoffen oder Desinfektionsmitteln – die Eigenschaft für die Funktion notwendig ist. Gefährliche Eigenschaften ohne Bezug zur Funktion sind allerdings nicht erwünscht. Insbesondere die Eigenschaft der Persistenz ist zu vermeiden, die zeitliche und örtliche Reichweite soll also begrenzt sein („short range chemicals"). Auch die Chemikalienproduktion muss künftig Nachhaltigkeitskriterien genügen. (vgl. S. 90 ff.). Dies betrifft sowohl eine Minimierung der Unfallrisiken als auch einen geringen Energie- und Ressourcenbedarf, wenig Abfall und eine effektive Reinigung von Abwasser und Abluft. Schließlich muss die chemische Industrie sich schnell von Mineralöl als stofflicher Grundlage abwenden und regenerative stoffliche Quellen nutzen.

Nachhaltige Stoffströme etablieren

Am wichtigsten sind allerdings eine Verlangsamung und eine Reduzierung der Stoffströme. Das stetige Anschwellen von Produktion, Rohstoffnutzung, Warenverkehr und Abfällen überschreitet die Belastungsgrenzen unseres Planeten deutlich. Die zunehmende Globalisierung der Stoffströme ist ein zusätzliches Problem und führt auch zur Externalisierung der Belastungen. Regionale Stoffströme sind meist deutlich zu bevorzugen. Nachhaltige Stoffströme lassen sich mit drei Strategien erreichen, die einander ergänzen:

Die *Effizienzstrategie* hat zum Ziel, Energie und Materialien möglichst sparsam zu verwenden und setzt auf langfristige Nutzung der Produkte. Während es gelungen ist, Energieverbrauch vom Wirtschaftswachstum zu entkoppeln, sind die Erfolge beim Ressourcenverbrauch begrenzt. Darüber hinaus führt ein gesteigerter Konsum dazu, dass der Energieverbrauch selbst nicht rückläufig ist (Rebound-Effekt).

Bei der *Konsistenzstrategie* ist innerhalb der Technosphäre die Kreislaufnutzung von Materialien das zentrale Ziel. Produkte sollen so hergestellt und verwendet werden, dass sie dauerhaft genutzt, modular aufgebaut, reparierbar und am Ende ihrer Gebrauchsphase wieder genutzt oder recycelt werden können. In einer Kreislaufwirtschaft („Circular Economy") sollen Sekundärrohstoffe die Primärrohstoffe möglichst weitgehend ersetzen (vgl. S. 84 ff.). In der Praxis stehen wir, etwa beim Recycling von Kunststoffen, noch sehr am Anfang. Der Kohlenstoffkreislauf ist nur in geringem Maße geschlossen.

> **„ Die chemische Industrie muss sich schnell von Mineralöl als stofflicher Grundlage abwenden und regenerative stoffliche Quellen nutzen. "**

Die *Suffizienzstrategie* sucht Antworten auf die Frage: Was ist genug? Suffizienz bedeutet nicht asketischen Verzicht, sondern zielt auf das rechte Maß und den bewussten und genügsamen Umgang mit begrenzten Ressourcen.

Ein nachhaltiges Management von Stoffen und Materialien kann einen wesentlichen Beitrag zur Erreichung der Nachhaltigkeitsziele leisten. Dies bedeutet auch eine sozialökologische Transformation hin zu einer Wirtschaftsweise, die die Grenzen des Planeten berücksichtigt und Naturgütern einen Wert zuspricht.

Neben dem Klimawandel und dem Rückgang der Biodiversität ist das Management von Stoffen und Materialien die dritte große Herausforderung an Politik und Gesellschaft für die Zukunft des Planeten. Alle drei Krisen sind eng miteinander verknüpft und können nur gemeinsam gelöst werden. Klimawandel und Biodiversität sind international durch das Pariser Übereinkommen und die Konvention über die biologische Vielfalt rechtsverbindlich geregelt, obwohl es nach wie vor oft an der entschlossenen politischen Umsetzung mangelt. Auch die Herausforderungen des Managements von Stoffen und Materialien lassen sich nur international lösen. Bisher gibt es zwar internationale Verträge zu Einzelaspekten wie das Stockholmer Übereinkommen über persistente organische Schadstoffe und das Baseler Übereinkommen über die Kontrolle der grenzüberschreitenden Verbringung und Entsorgung gefährlicher Abfälle, nicht jedoch eine rechtsverbindliche Rahmenkonvention, die alle Bereiche des Managements von Stoffen und Chemikalien umfasst. (7)

Internationalen Prozess initiieren

Internationale Austauschforen wie der „Strategische Ansatz zum Internationalen Chemikalienmanagement" (Strategic Approach to an International Chemicals Management, SAICM) sind hilfreich, führen aber nicht zu verbindlichen Vereinbarungen (vgl. S. 15 und S. 74 ff.). Um einen Handlungsrahmen zu erschaffen und konkrete Handlungsziele und -instrumente zu erarbeiten, muss ein internationaler Prozess auf der Ebene der Vereinten Nationen initiiert werden. Die gravierenden globalen Umweltveränderungen zeigen: Die Zeit drängt. Schnelles, vernetztes und konsequentes Handeln ist insbesondere auch beim Management von Stoffen und Chemikalien erforderlich. Dabei sind insbesondere – wie beim Klimaabkommen – auch klare Reduktionsziele erforderlich.

Auf der Weltumweltkonferenz in Nairobi gab es im März 2022 erste Beschlüsse in diese Richtung. (8) Neben der Erarbeitung eines internationalen Plastikabkommens wurde dort unter anderem die Einrichtung eines globalen wissenschaftlich-politischen Gremiums für Chemikalien und Abfälle auf den Weg gebracht. Dieses Gremium soll bis 2024 stehen und analog zum Weltklimarat IPCC und Weltbiodiversitätsrat IPBES als ein »Weltchemikalienrat« die planetaren Auswirkungen von Stoffen und Chemikalien sowie Ursachen und Maßnahmen wissenschaftlich beurteilen (vgl. S. 80 ff.). Dies kann einen ersten Schritt zu einem Weltchemikalienabkommen darstellen.━━

Literatur

(1) Rockström, J. et al. (2009): A safe operating space for humanity. In: Nature 461, S. 472-475.

(2) Persson, L. et al. (2022): Outside the Safe Operating Space of the Planetary Boundary for Novel Entities. In: Environmental Science & Technology, Februar 1; 56(3), S. 1510-1521

(3) Steffen, W. et al. (2015): The Trajectory of the Anthropocene: The great acceleration. In: The Anthropocene Review 2, S. 81- 98.

(4) Steffen, W. et al. (2015): Planetary boundaries: Guiding human development on a changing planet. In: Science 347, 6223.

(5) www.bund.net/service/publikationen/detail/publication/herausforderungen-fuer-eine-nachhaltige-stoffpolitik/

(6) www.bund.net/fileadmin/user_upload_bund/publikationen/chemie/chemie_fluorchemikalien_hintergrund.pdf

(7) Steinhäuser et al. (2022): The Necessity of a Global Binding Framework for Sustainable Management of Chemicals and Materials — Interactions with Climate and Biodiversity. In: Sustainable Chemistry 2022, 3, S. 205-237.

(8) www.unep.org/events/unep-event/unea-52

Wann stimmt bei Ihnen die Chemie?

a) Wenn die Wechselwirkungen auf dem Planeten zu unser aller Wohlbefinden beitragen.

b) Sind Stoffe ein Synonym für Textilien? Man könnte es glauben; denn nach unserer ersten Pressekonferenz zum Thema sendete eine Rundfunkanstalt den Titel: „BUND fordert eine nachhaltige Textilpolitik".

Zu den Autoren

a) Markus Große Ophoff ist Chemiker und lehrt an der Hochschule Osnabrück. Er ist Sprecher des Arbeitskreises Umweltchemikalien / Toxikologie im Wissenschaftlichen Beirat des BUND.

b) Klaus Günter Steinhäuser ist Chemiker. Bis 2014 leitete er den Fachbereich Chemikaliensicherheit des Umweltbundesamtes. Er ist stellv. Sprecher des BUND-Arbeitskreises Umweltchemikalien / Toxikologie.

Kontakt

Prof. Dr. Markus Große Ophoff
Dr. Klaus Günther Steinhäuser
Bund für Umwelt und Naturschutz
Deutschland e. V. (BUND)
E-Mail markus.grosse-ophoff@bund.net,
klaus.guenter.steinhaeuser@bund.net

SUBSTANZEN

Dass die Auswirkungen von Chemikalien nicht im unmittelbaren Anwendungsgebiet haltmachen, ist lange bekannt. Fast genauso lange versuchen Gesetzgeber, die Gefahren zu minimieren. Die Lobbyisten der Chemieindustrie halten mit viel Geld dagegen. – Warum müssen wir rasch von Stoffströmen zu Informationsflüssen kommen? Welche Kriterien für eine gerechte Ressourcenverteilung gibt es? Wie belastbar sind die ökologischen und sozialen Beteuerungen der Chemieriesen?

Kleine Geschichte der Stoffpolitik

Von Stoffströmen zu Informationsflüssen

Die deutsche und die europäische Chemikalienpolitik haben sich in den letzten Jahrzehnten von der Gefahrstoffkontrolle zum Stoffstrommanagement weiterentwickelt. Ein Überblick über stoffpolitische Meilensteine, ihre Defizite und den weiteren Handlungsbedarf.

Von Julian Schenten

▬▬▬▬Das 1962 veröffentlichte Sachbuch „Silent Spring" („Der stumme Frühling") der Biologin Rachel Carson thematisierte die giftigen Auswirkungen von Pestiziden auf die Vogelwelt und löste international ein Aufhorchen aus, das alle Gesellschaftsschichten erreichte. Die Debatte zu den Risiken von Industriechemikalien spitzte sich angesichts verheerender Umweltverschmutzungen (Minamata) und Chemieunfälle (Seveso) in den 1960er und 1970er Jahren zu. Ungefähr zeitgleich folgten erste Gesetzgebungen.

Frühere Regulierung adressierte Warnhinweise und Warnsymbole (etwa das Totenkopf-Symbol) zu den direkten Wirkungen von chemischen Stoffen. In Europa ging die Gefahrstoffrichtlinie 67/548/EWG diesen Weg: Die bekannten Eigenschaften – neue Prüfungen waren nicht erforderlich – waren Grundlage für die Einstufung und Kennzeichnung der Stoffe. Ähnliche Regelungen existierten in praktisch allen Industrieländern. Die Bundesrepublik erließ 1980 das erste Chemikaliengesetz, das im Wesentlichen Vorschriften der Europäischen Gemeinschaft in nationales Recht überführte.

Aus globaler Sicht markierte der sogenannte Erdgipfel der Vereinten Nationen 1992 in Rio de Janeiro den Wendepunkt. Ein Ergebnisdokument der Konferenz für Umwelt und Entwicklung der Vereinten Nationen war die „Agenda 21", die Grundsätze für eine international wirksame Chemikaliensicherheit aufstellte und Ziele für den umweltgerechten Umgang mit gefährlichen Stoffen formulierte.

Normative Orientierung durch das Umweltvölkerrecht

Um die Jahrhundertwende kamen verbindliche Regelungen auf völkerrechtlicher Ebene hinzu, die zu konkreten Beschränkungen der Ein- und Ausfuhr gefährlicher Stoffe oder zu Stoffverboten führten. Ein Beispiel ist die Stockholmer Konvention über persistente organische Schadstoffe. Sie trat im Mai 2004 in Kraft und enthält eine regelmäßig fortgeschriebene Liste von Stoffen, die toxisch und schwer abbaubar sind und sich in Organismen wie Plankton, Fischen und Eisbären anreichern (vgl. S. 67 ff.). Im selben Jahr trat das Rotterdamer Übereinkommen (Rotterdam Convention on the Prior Informed Consent Procedure for Certain Hazardous Chemicals and Pesticides in International Trade) in Kraft. Es legt zwischen Staaten ein Verfahren der vorherigen Zustimmung nach Inkenntnissetzung für bestimmte gefährliche Industriechemikalien und für Pestizide im grenzüberschreitenden Handel fest. Auf der Rio-Folgekonferenz im Jahr 2002 in Johannesburg hat die internationale Gemeinschaft das politische Ziel formuliert, „bis zum Jahr 2020 zu erreichen, dass Chemikalien derart verwendet und hergestellt werden, dass die menschliche Gesundheit und die Umwelt so weit wie möglich von schwerwiegenden Schäden verschont bleiben". Die im September 2015 von der Generalversammlung der Vereinten Nationen verabschiedeten Nachhaltigen Entwicklungsziele (Sustainable Development Goals, SDGs) bekräftigen in der „Agenda 2030" dieses Ziel mit SDG 12.4.

Gemessen am Johannesburg-Ziel zeigte sich der EU-Rechtsrahmen Anfang der 2000er-Jahre nur wenig effektiv. Etwa 30.000 sogenannte Altstoffe ließen sich zeitlich und inhaltlich nahezu unbegrenzt herstellen und verwenden, es sei denn, negative Auswirkungen auf Mensch und Umwelt wurden offensichtlich. Die unmittelbare Konsequenz davon war jedoch lediglich, dass der Stoff gemäß der Richtlinie 67/548/EWG einzustufen und zu kennzeichnen war. Die Hersteller(innen) waren

nicht verpflichtet, ihre Stoffe auf schädliche Wirkungen zu testen. Stattdessen führte die Altstoffverordnung 793/93/EWG ein administratives Risikobewertungs-
programm ein, das darauf abzielte, die Risiken zu ermitteln und Maßnahmen zur
Risikominderung für die wichtigsten Stoffe vorzuschlagen. Trotz des erheblichen
Ressourceneinsatzes war das Ergebnis dieses Prozesses recht begrenzt: Nicht mehr
als vier Stoffe pro Jahr durchliefen diesen Prozess.

Restriktive Kontrolle und Innovationsimpulse

Vor diesem Hintergrund leitete auf europäischer Ebene die im Jahr 2007 in Kraft
getretene Verordnung über die Registrierung, Evaluierung und Autorisierung von
Chemikalien (REACH) einen Paradigmenwechsel ein. In das Design dieser Verordnung floss die Erfahrung ein, dass sogenannte Command-and-Control-Maßnahmen
einschließlich Stoffverboten einerseits unverzichtbar sind. So enthält REACH weiter die Möglichkeit, in einem (teils gestrafften) behördlichen Verfahren Beschränkungen hinsichtlich der Herstellung und Verwendung von Stoffen zu erlassen.
Dieser reaktive Kontrollansatz bleibt andererseits hinter dem Tempo der Problem-
entwicklung zurück. Angesichts der Vielfalt der Stoffe und der Komplexität der
Warenströme sind andere Ansätze erforderlich, die bereits in der frühen Phase
des Stoff- oder Produktdesigns ansetzen. Weil Innovationsprozesse jedoch nicht
der Rechtsdurchsetzung unterliegen, war – und ist – der ordnungspolitische Rahmen so zu gestalten, dass er die Eigenverantwortung der Akteure stärkt und über
konkrete Vorschriften Verhaltensanreize schafft, die zu den normativ intendierten
Innovationen beitragen. Entsprechend steht im Zentrum von REACH die Pflicht für
Hersteller(innen) und Importeure von Stoffen, diese vor der Vermarktung bei der
neu geschaffenen Europäischen Chemikalienagentur (ECHA) zu registrieren. Das
hierfür anzufertigende Dossier hat Angaben zu toxikologischen und ökotoxikologi-
schen Effekten der Stoffe zu enthalten, die im Zweifel über Studien beizubringen
sind („Ohne Daten kein Markt"). Die eingereichten Daten unterliegen der Kontrolle
durch die ECHA. Zudem sind sie in der Regel über ein Onlineportal für jede(n)
zugänglich, auch für die kritische Öffentlichkeit.

Neu ist auch das Zulassungssystem. Es verbindet Innovationsimpulse und restrikti-
ve Kontrolle: Unternehmen dürfen in Anhang XIV der Verordnung aufgenommene

besonders besorgniserregende Stoffe („Substances of Very High Concern", SVHCs) nur dann verwenden, wenn ihnen zuvor in einem behördlichen Verfahren eine Zulassung dafür erteilt wird. Vor der Aufnahme in Anhang XIV gelten für identifizierte SVHCs bereits bestimmte aktive Kommunikationspflichten in den Lieferketten und eine Auskunftspflicht gegenüber Verbraucherinnen und Verbrauchern. Mithin schafft bereits die Identifizierung der Stoffe einen spürbaren Substitutionsdruck. Als weiterer Treiber für Innovation enthält REACH das strukturelle Element der „Inclusive Governance", durch die sich Nichtregierungsorganisationen, die Wissenschaft und weitere „interessierte Kreise" in die behördliche Vorbereitung von Kontrollmaßnahmen, aber etwa auch in die Prüfung von Zulassungsanträgen einbringen können.

Fast zeitgleich mit REACH trat im Jahr 2009 zudem die Verordnung über die Einstufung, Verpackung und Kennzeichnung von Stoffen und Gemischen (Classification, Labeling and packaging, CLP) in Kraft. Die nunmehr bestehende Möglichkeit einer verbindlichen („harmonisierten") Einstufung von Stoffen durch Behörden stellt eine zentrale Neuerung gegenüber der abgelösten Richtlinie 67/548/EWG dar.

Die „Chemikalienstrategie für Nachhaltigkeit" vom Oktober 2020 stellt den vorerst aktuellsten stoffpolitischen Meilenstein dar. Sie ist ein Produkt des europäischen Green Deals, der Vision der Europäischen Kommission für einen ressourcenschonenden, klimaneutralen und schadstofffreien Kontinent bis zum Jahr 2050. Entsprechend formuliert die Strategie eine längerfristige Vision für die EU-Chemikalienpolitik, die auf einer „Hierarchie der Schadstofffreiheit" für das Chemikalienmanagement beruht. Dabei kündigt die Strategie eine Reihe von Anpassungen in REACH und CLP an.

Wesentliche Lücken bei Ausgestaltung und Umsetzung

Gegenüber der alten Rechtslage trug die REACH-Verordnung wesentlich zu einer besseren Übersicht vermarkteter Stoffe sowie deren Eigenschaften bei. Allerdings ist die Quote von Dossiers mit veralteter, fehlerhafter oder fehlender Information enorm hoch, weshalb der Verordnungsgeber die Aktualisierungspflichten bereits konkretisiert sowie den gesetzlichen Kontrollauftrag der ECHA ausgeweitet hat. Eine bei regelwidrigen Dossiers konsequente Rücknahme der erteilten Vermarktungserlaubnis dürfte starke Anreize für regelkonformes Verhalten entfalten. Die Qualitätsmängel der Stoffdaten schlagen auch auf die Kontrollmöglichkeiten der Behörden durch, da sie die Beweisführung zur Rechtfertigung von Marktein- griffen erschweren. Eine bedeutsame Entwicklung besteht mit Blick auf den grup- penbezogenen Beschränkungsansatz, der nicht Einzelstoffe (ggf. in Einzelanwen- dungen) adressiert, sondern zugleich mehrere Szenarien abdeckt. Eine umfassende Beschränkung von gut 30 unter anderem krebserregenden Stoffen in Textilien war ein erster Praxistest. Beschränkungen von potenziell Hunderten Stoffen aus der Gruppe der per- und polyfluorierten Chemie befinden sich derzeit in der Vorberei- tung. Da die Komplexität der Regelungsmaterie keineswegs abnimmt, leistet der gruppenbezogene Ansatz wichtige Beiträge zur effektiven Risikokontrolle.

> **,, Angesichts der Vielfalt der Stoffe und der Komplexität der Warenströme sind andere Ansätze erforderlich, die bereits in der frühen Phase des Stoff- oder Produktdesigns ansetzen. "**

Aus Sicht des Umwelt- und Gesundheitsschutzes ist daher auch zu begrüßen, dass die EU-Chemikalienstrategie mehrere Neuerungen in REACH ankündigt, um schnellere Ergebnisse bei der Regulierung von Chemikalien in Produkten zu er- zielen. Zu nennen ist die Absicht, bei der Regulierung von Verbraucherprodukten von einem „generischen Risiko" ausgehen zu können: Für bestimmte problemati- sche Stoffe, die Bestandteil von weit verbreiteten Produkten sind, wären Beschrän- kungen möglich, ohne dass die Behörde im Einzelfall ein unannehmbares Risiko nachweisen muss. Vorgesehen ist auch ein sogenanntes „Essential Use"-Konzept, das bestimmte problematische Chemikalien nur dann erlaubt, wenn deren Verwen- dung zwingend notwendig ist – etwa für die Gesundheit, die Sicherheit oder das Funktionieren der Gesellschaft.

Jedoch stellt, wie in der Chemikalienstrategie bereits mitgedacht, die fehlende Kenntnis über das Vorhandensein von Chemikalien in Alltagsprodukten („Erzeugnissen") eine wesentliche Herausforderung dar. Dem sollte REACH Kommunikationspflichten zu SVHCs in Erzeugnissen entgegensetzen. Die entsprechenden Vorschriften aus Artikel 33 REACH spielen in der Unternehmenspraxis aber bislang keine allzu herausragende Rolle. Hierzu dürften Vollzugsdefizite ebenso beitragen wie handwerkliche Fehler in der Rechtsetzung. Letztere setzen sich zwangsläufig fort im Anwendungsbereich der im Jahr 2018 rasch verabschiedeten Auffangnorm in der Abfallrahmenrichtlinie, wonach die von Artikel 33 REACH geforderten Informationen an eine Datenbank der ECHA („SCIP") zu übermitteln sind. (1)

Rückverfolgbarkeit von Chemikalien vorantreiben

Die fortbestehenden Wissensdefizite zu Stoffen in Produkten stellen ein zentrales Hemmnis hinsichtlich der im Dezember 2019 mit dem Green Deal wiederbelebten politischen Bestrebungen in Richtung einer Kreislaufwirtschaft („Circular Economy") dar. Deren Ziel ist, Produkte und Materialien möglichst lange im Wirtschaftskreislauf zu halten und anschließend möglicherweise erneut aufzubereiten oder – als letztes Mittel – stofflich zu recyceln (vgl. S. 84 ff.). Abhängig von der Produktart können somit lange Zeiträume entstehen zwischen der erstmaligen Inverkehrgabe etwa eines Möbelstücks oder eines Fahrrads und der finalen Verwertung im Recyclinghof. Und zu jedem Zeitpunkt muss identifizierbar sein, welche im Produkt enthaltenen Stoffe Gegenstand von Rechtspflichten sind oder technische Barrieren für zirkuläre Geschäftsmodelle darstellen. Daraus folgt, dass bereits bei der ersten Inverkehrgabe die Kenntnis aller potenziell im genannten Sinne problematischen Stoffe bestehen muss, damit sich im Lebensweg des Produktes der Status der Stoffe überwachen lässt. Führende Akteure aus Handel und Industrie halten eine solche Rückverfolgbarkeit („Traceability") von Chemikalien daher für einen wesentlichen ermöglichenden Faktor für die im Green Deal angelegte Transformation. Und tatsächlich lassen sich dem neuen Aktionsplan für die Kreislaufwirtschaft sowie dem Entwurf der Verordnung über Ökodesign-Anforderungen für nachhaltigere Produkte Hinweise entnehmen, dass vorgesehen ist, jeweils besonders relevante Sektoren zur Errichtung entsprechender Dateninfrastrukturen zu motivieren.

Die EU-Ebene steht vor der Herausforderung, die ambitionierten chemikalienpolitischen Ziele rund um den Green Deal umzusetzen. Um den – erwartbaren – Widerstand von großen Teilen der Industrie einzuhegen, sollten die politischen Entscheidungsträger(innen) ihre Kritiker(innen) besser einbinden. Etwa mit Austauschformaten wie „Szenario-Technik", die allen Beteiligten ein offeneres Herangehen an die geplante Transformation ermöglichen und damit die mittelfristig hebbaren Chancen, auch für die Industrie, stärker in die Wahrnehmung rücken. (2)

Ein Schwerpunkt internationaler Politik muss sein, nach der Resolution von Nairobi im März 2022 zur Einrichtung eines wissenschaftlich-politischen Gremiums („Science-Policy Panel") im Chemikalienbereich zu kommen, dieses mit einem starken Mandat sowie Ressourcen ähnlich dem Weltklimarat (Intergovernmental Panel on Climate Change, IPCC) auszustatten, um eine vorsorgende und zugleich empirisch fundierte Chemikalienregulierung weltweit zu unterstützen (vgl. S. 74 ff. und S. 80 ff). ____

Anmerkungen

(1) Führ, M. et al. (2020): Advancing REACH: Substances in Articles. In: Umweltbundesamt (Hrsg.): Texte 194. Dessau-Roßlau.
(2) Kleihauer, S. et al. (2019): Marktchancen für „nachhaltigere Chemie" durch die REACH-Verordnung. Darmstadt.

Wann stimmt bei Ihnen die Chemie?
Wenn Maggi auf Nudeln trifft.

Zum Autor
Julian Schenten promovierte zur Regulierung von Nanomaterialien in der EU-Chemikalienverordnung REACH. Er leitet in Darmstadt ein Forschungsvorhaben, das sich mit einer nachhaltigeren Chemie in den globalen Lieferketten von Lederprodukten beschäftigt.

Kontakt
Dr. Julian Schenten
Hochschule Darmstadt
Forschungsgruppe sofia
E-Mail schenten@sofia-darmstadt.de

Global Player Chemieindustrie

Lobbyismus gegen Überlebensgrundlagen

Global tätige Chemieunternehmen pflegen traditionell ein enges Verhältnis zur Politik. Dabei geben sie sich in der Öffentlichkeit zunehmend umweltbewusst. Tatsächlich aber geht es ihnen vor allem um Gewinnmaximierung – häufig ohne Rücksicht auf soziale und ökologische Verluste. Einige Schlaglichter auf das Gebaren der Chemieindustrie am Beispiel der Bayer AG.

Von Marius Stelzmann

Im kapitalistischen Wirtschaftssystem produzieren auch Chemiekonzerne nicht, um sinnvolle gesellschaftliche Bedürfnisse zu befriedigen. Sie wollen vor allem den eigenen Profit maximieren, die Großaktionärinnen und -aktionäre mit möglichst hohen Ausschüttungen bei der Stange halten und neue Märkte erobern. Für die Demokratie ist das ein Problem: Konzernriesen wie die Bayer AG konkurrieren mit anderen global agierenden Chemieunternehmen und immer härteren Mitteln um Marktanteile und nehmen dabei massiv Einfluss auf gesetzgeberische Verfahren. Zudem wird trotz grünem Image und vordergründigen Bekenntnissen zum Klimaschutz die Produktion in Länder des Globalen Südens outgesourct, die mit laxen Umwelt- und Arbeitsschutzregelungen locken. Auch sonst tut der Leverkusener Riese alles, um Spitzengewinne zu erzielen. Dies geht auf Kosten von Mensch, Tier und Umwelt.

Ein Beispiel dafür ist das Erneuerbare-Energien-Gesetz (EEG) des Jahres 2000. Mit diesem Gesetz wollte die erste rot-grüne Bundesregierung den Ausbau von

Wind- und Wasserkraft, Photovoltaik, Geothermie sowie Biomasse fördern. Dazu sah sie eine Abgabe über die Stromrechnung vor. Während die Privathaushalte ihre EEG-Umlage ordnungsgemäß zahlen, fanden Bayer & Co. mit dem System der sogenannten Scheibenpacht einen Dreh, um ihren Beitrag massiv zu reduzieren. Als Hebel diente den Konzernen das sogenannte Eigenstromprivileg. Nach dieser Bestimmung müssen die Multis auf Strom, den sie auf ihren Werksarealen selbst erzeugen, keine EEG-Umlage zahlen. Daher konnten sie sich mit der Scheibenpacht – auf dem Papier – zu Pächtern von Kraftwerksanteilen machen und Unsummen sparen. Auf acht bis zehn Milliarden Euro schätzte der *Spiegel* die einbehaltenen Beiträge. Diese Vermeidungsstrategie rief schließlich die Bundesnetzagentur auf den Plan. Daraufhin beendete der Gesetzgeber dieses Treiben 2017 mit der Novelle des EEG-Gesetzes. Bayer, Daimler, Evonik und weitere Global Player aber machten einfach weiter wie bisher.

Dagegen gingen mehrere Übertragungsnetzbetreiber, die sich als „Treuhändler des EEG-Kontos" verstehen, gerichtlich vor. Die Konzerne wehrten sich und erzielten schließlich den gewünschten Erfolg. Der damalige Wirtschaftsminister Peter Altmaier von der CDU setzte sich über Mitarbeiter(innen) im eigenen Haus, die „verfassungs- und beihilferechtliche Risiken" geltend machten, hinweg und lieferte. Die EEG-Novelle vom Dezember 2020 hielt die bestellte Amnestie-Regelung bereit. Stattdessen bleibt den Übertragungsnetzbetreibern jetzt nur, sich auf Vergleichslösungen einzulassen. Eine „Kapitulation der Politik", konstatierte der *Spiegel* trocken.

Glyphosat: Profite auf Kosten von Mensch und Umwelt

Ein weiterer Fall, in dem gigantische Profite, Behördenversagen und Lobbying zusammenkommen, ist das Totalherbizid Glyphosat. Das Umweltgift ist eines der profitabelsten Produkte im Portfolio der Bayer AG. Dementsprechend verteidigt der Konzern dieses wertvolle Profit-Flaggschiff natürlich mit allen Mitteln. In den USA verzeichneten die Gerichte rund 149.000 Klagen von Geschädigten, die Bayer für ihre von Glyphosat verursachten Krebserkrankungen zur Verantwortung ziehen wollten. Die Kosten für den Konzern sind riesig: Nicht immer kann Bayer verhindern, dass den Geschädigten ihr Recht zugesprochen wird.

Noch gigantischer sind allerdings die Gewinne, die Bayer mit Glyphosat macht. Deshalb bemüht sich der Konzern, im derzeit laufenden EU-Verfahren zum Verbot von Glyphosat zu intervenieren. Und dies durchaus mit Erfolg: Die europäische Chemikalienagentur ECHA hat sich abermals für eine Zulassungsverlängerung aus-gesprochen. Sie stützt sich hierbei auf elf Studien, die bereits beim letzten Anlauf im Herbst 2017 zu einer Verlängerung der Zulassung führten. Pikant dabei: All diese Studien waren von der Industrie eingereicht worden. Eine krebserregende Wirkung weisen jedoch selbst sie dem Totalherbizid nach. Diese Belege nahm die ECHA allerdings nicht zur Kenntnis, so der Bericht „How the EU risks greenlight-ing a pesticide linked to cancer" der Allianz für Umwelt und Gesundheit („Health and Environment Alliance") HEAL. (1) Von den elf Untersuchungen attestieren zehn dem Herbizid einen kanzerogenen Effekt, den die Begutachter(innen) mittels vielfältiger Operationen schnöde weginterpretiert haben, wie die Verfasser(innen) nachweisen. Und das, obwohl eine kürzlich durchgeführte Überprüfung von Indus-triestudien zur DNA-schädigenden Wirkung von Glyphosat durch Wissenschaft-ler(innen) des Wiener Krebsforschungsinstituts zu dem Ergebnis kam, dass nur zwei von 53 Industriestudien als „zuverlässig", 17 weitere als „teilweise zuverlässig" an-gesehen werden können und 34 dieser Studien aufgrund erheblicher Abweichun-gen von den geltenden Testrichtlinien als „nicht zuverlässig" eingestuft werden müssen. (2)

Viel Geld fürs Strippenziehen

In den Hauptstädten der Welt pflegt der Bayer-Konzern die jeweiligen politischen Landschaften von sogenannten Verbindungsbüros aus. Im Jahr 2021 stockte er deren Budgets teilweise noch einmal kräftig auf. Der Etat der Operationsbasis in Washington wuchs um 4,5 Millionen Euro auf 13 Millionen an. Die Dependance in Berlin kann jetzt mit drei Millionen Euro (2020: zwei Millionen) Einflussarbeit betreiben und der Ableger in Peking mit 2,1 Millionen Euro (2020: 1,6 Millionen). Auf EU-Ebene werden ebenfalls die Lobbyhebel angesetzt. Auch andere Global Player investieren hohe Summen, um die Politik der EU in ihrem Sinne zu beeinflus-sen. Europameister im Lobbying ist allerdings der Bayer-Konzern. Der Agrarriese gab im vergangenen Jahr rund 6,5 bis sieben Millionen Euro für das Lobbying in EU-Angelegenheiten aus. Er beschäftigt in seinem Brüsseler Verbindungsbüro laut EU-Transparenzregister 74 Vollzeit- oder Teilzeitkräfte. 15 von ihnen haben exklusiven Zutritt zum Europäischen Parlament. Seit November 2014 brachten sie es auf 41 Treffen mit EU-Kommissar(inn)en oder deren Kabinettsmitgliedern. Einflussarbeit betrieben die Bayer-Lobbyist(inn)en dabei zu Themenfeldern wie dem Green Deal, der EU-Agrarstrategie („From Farm to Fork") sowie den Aktionsplänen für eine Reform des Patentrechts und für eine Reduzierung der Verschmutzung von Wasser, Luft und Boden. Auch Gebiete wie die Gentechnikregulierung sowie die Wasserrahmenrichtlinie, die Trinkwasserrichtlinie und die Chemikalienrichtlinie standen auf der Agenda. Ebenfalls im Visier: Die Klimapolitik der EU und das geplante Freihandelsabkommen mit den Mercosur-Staaten Brasilien, Argentinien, Paraguay und Uruguay.

„ In den Hauptstädten der Welt pflegt der Bayer-Konzern die jeweiligen politischen Landschaften von sogenannten Verbindungsbüros aus. Im Jahr 2021 stockte er deren Budgets noch einmal kräftig auf. "

Einen Schwerpunkt der Bemühungen bildete die Pestizidregulierung der EU im Allgemeinen und die des Herbizids Glyphosat im Besonderen. Mit ähnlichem Aufwand versucht der Global Player, den von der EU im Rahmen des Green Deals verkündeten Plan zu hintertreiben, den Gebrauch von Agrochemie bis zum Jahr 2030 um 50 Prozent zu senken. Ein Übriges tun die europäischen Verbände der Agroriesen wie CropLife Europe oder Copa-Cogeca: Sie gaben nicht weniger als fünf Studien zur Stützung der Positionen der Industrie in Auftrag. Auf diesem Wege gelang es der Branche bereits, entscheidende Veränderungen durchzusetzen. So lässt die EU-Kommission im jetzt vorliegenden Entwurf zur Agrochemie den einzelnen Mitgliedstaaten bei der Umsetzung der Regelung viele Freiräume und erklärt eine

rechtliche Bindung an die 50-Prozent-Vorgabe lediglich zur „präferierten Option".
Der Agrar- und Pharmagigant ist allerdings nicht nur auf EU-Ebene umtriebig.
Auch auf nationaler Ebene wird weiter erfolgreich lobbyiert. Wie oben berichtet,
hatte sich der Bayer-Konzern ja bereits trickreich großer Teile der EEG-Umlage entle-
digt. Jetzt aber strich die Ampel-Koalition die EEG-Umlage ganz. Selbst die wenigen
verbliebenen Anteile der Kosten für Windparks, Sonnenenergie- und Photovoltaik
ersparte sie nun der Industrie. „Die Finanzierung übernimmt der EKF (Energie- und
Klimafonds, Anm. des Autors), der aus den Einnahmen der Emissionshandelssyste-
me (BEHG und ETS) und einem Zuschuss aus dem Bundeshaushalt gespeist wird",
heißt es im rot-grün-gelben Koalitionsvertrag.

Brasilien: Absatzmarkt und Pestizidhölle

Aber nicht nur in Deutschland und Europa, auch im Globalen Süden tut die Bayer
AG alles, um ihre Profite abzusichern. Mit ihrer Einflussnahme auf die dortigen Regierungen hält sie zudem den neokolonialen Einfluss aufrecht, der Maximalprofite
in Europa und Vergiftung vor Ort bedeutet. Ein gutes Beispiel für diese Praktiken
ist die massive Einflussarbeit, die Bayer, BASF und andere Agro-Multis in Brasilien
betreiben, um die Verabschiedung eines neuen Pestizidgesetzes mit aufgeweich-
ten Bestimmungen zu befördern. Das von den Kritiker(inne)n als „Giftpaket" ti-
tulierte Paragrafenwerk hebelt unter anderem das Vorsorgeprinzip aus und sieht
Verbote von Agrochemikalien nur noch bei „inakzeptablen Risiken" vor. Außerdem
schwächt es in den Zulassungsverfahren die Stellung der Umweltbehörde und der
Gesundheitsbehörde zugunsten derjenigen des Landwirtschaftsministeriums. Von
all dem versprechen sich die Global Player bessere Vermarktungschancen für ihre
Produkte, weshalb sie zahlreiche Aktivitäten entfalteten.
Gespräche mit Staatslenker(inne)n und Minister(inne)n stehen an erster Stelle
der politischen Landschaftspflege. So trafen Bayer-Chef Werner Baumann und
der oberste Öffentlichkeitsarbeiter des Konzerns, der ehemalige Grünen-Politiker
Matthias Berninger, sich persönlich mit Brasiliens ehemaligem Präsidenten Jair
Bolsonaro. Dessen damaliger Umweltminister Ricardo Salles machte sogar einmal
einen Hausbesuch in Leverkusen. Der Lobbyismus der Agro-Riesen beschränkt sich
indes nicht auf das Giftpaket. Bayer etwa hat den Brüsseler Thinktank ECIPE en-

gagiert, um den Abschluss des Handelsabkommens zwischen der Europäischen Union und den Mercosur-Nationen Brasilien, Argentinien, Paraguay und Uruguay voranzubringen. Dazu gilt es nach Ansicht von ECIPE zuvörderst, das Image der brasilianischen Landwirtschaft mit ihren ausladenden, sich immer weiter in den Regenwald hineinfressenden Monokulturen zu verbessern und die Größe der Pflanzungen herunterzuspielen.

Grüne Front, dreckige Praxis

Auch andere Aktivitäten der Bayer AG im Globalen Süden zeigen, wie ernst man den Versuch des Konzerns nehmen kann, in seinen Veröffentlichungen ein Bild eines fortschrittlichen, ökologischen Konzerns zu zeichnen, der weltweit hohe menschenrechtliche Standards beachtet. Dies betrifft nicht nur die Absatzmärkte, sondern auch die Zulieferer. Im Nachhaltigkeitsbericht finden sich seit einigen Jahren regelmäßige Bekenntnisse zur ökologischen und menschenrechtlichen Überwachung der Lieferketten, in denen der Konzern Nachhaltigkeit und Transparenz predigt. So heißt es etwa im Nachhaltigkeitsbericht von 2021: „BAYER arbeitet kontinuierlich an einer strategischen Weiterentwicklung der Nachhaltigkeitsthemen im Einkauf – in den kommenden Jahren sollen Umwelt- und Menschenrechtsanforderungen entlang der Lieferkette und das „Supplier Diversity Program" weiter an Bedeutung gewinnen."

Die Realität sieht jedoch etwas anders aus. Die „Coordination gegen BAYER-Gefahren" (CBG) berichtete bereits 2019, dass die größten Filialen des Konzerns mittlerweile in Indien und China stehen. (3) Von hier bezieht der Konzern die wichtigsten Rohmaterialien für seine Medikamente wie etwa das Antibiotikum Ciprobay. Mit Werbesprüchen wie „Maximale Förderung – minimale Kontrolle" und niedrigen Herstellungskosten haben Städte wie Hyderabad erfolgreich um Industrieansiedlungen geworben. Den Preis dafür zahlen Mensch, Tier und Umwelt. Besonders die Einleitung von antibiotikahaltigen Abwässern in die Flüsse und Seen entfaltet eine fatale Wirkung. Durch die permanente Zufuhr der Produktionsreste von Ciprobay und anderen Medikamenten gewöhnen sich die Krankheitserreger nämlich an die Substanzen und bilden Resistenzen aus. Zudem sind die Fabriken eine Katastrophe für die Umwelt, sie stoßen ohne Rücksicht auf Verluste belastende Stoffe aus. Auf manchen Flüssen türmen sich weiße Schäume bis zu einer Höhe von neun Metern. Andere Emissionen aus den Fabriken verfärben das Wasser gelb, rot oder braun. Und am Grund mancher Seen setzt sich tiefschwarzes, teeriges Sediment ab, das über 60 Meter tief reicht.

Die lockeren Umweltschutzrichtlinien werden von den Multis bis zum Anschlag ausgereizt: Eine Abwasseraufbereitung kennen die meisten Firmen in Hyderabad oder Visakhapatnam nicht. Sie leiten die Fertigungsrückstände direkt in die Gullys, Flüsse, Seen oder Meere ein. Direkte Fragen, etwa zu den Namen der Zulieferer in Indien und China, mit denen die CBG den Bayer-Vorstand auf der Hauptversammlung 2018 konfrontierte, wehrte dieser ab: Betriebsgeheimnis. ▬

Quellen
(1) www.env-health.org/wp-content/uploads/2022/06/HEAL-How-the-EU-risks-greenlighting-a-pesticide-linked-to-cancer-2022.pdf
(2) www.global2000.at/sites/global/files/Analyse-Glyphosat-Studien.pdf
(3) https://cbgnetwork.org/7473.html

Wann stimmt bei Ihnen die Chemie?
Die Chemie stimmt nicht, wenn jemand für BAYER Leverkusen und nicht für den 1. FC Köln ist.

Zum Autor
Marius Stelzmann ist Geschäftsführer der Coordination gegen BAYER-Gefahren. Der studierte Sozialwissenschaftler war vorher in der Gedenkstätten- und Bildungsarbeit tätig.

Kontakt
Marius Stelzmann
Coordination gegen BAYER-Gefahren (CBG)
E-Mail info@cbgnetwork.org

politische ökologie

Die Zeitschrift für Welterdenker*innen

Liebe Leser*innen, liebe Abonnent*innen,

wir danken Ihnen für Ihr Interesse an unserer
Reihe und Ihre Treue. Und wir freuen uns darauf,
Ihnen auch 2023 wieder spannendes Out-of-the-Box-Denken
in Sachen Zukunftsfähigkeit zu präsentieren!

Einen entspannten Jahresausklang und
einen guten Start ins neue Jahr wünschen

die Redaktion der *politischen ökologie*
und der oekom verlag

Anke Oxenfarth   Jacob Radloff

Verteilung natürlicher Ressourcen

Doppelt ungerecht

Da Ressourcen und Rohstoffe zunehmend zur Neige gehen, stellt sich die Frage nach ihrer gerechten Verteilung umso dringlicher. Ob der Verbrauch eines Landes als gerecht empfunden wird, hängt auch davon ab, mit welcher moralischen Begründung geurteilt wird. Eine philosophische Betrachtung.

Von Eugen Pissarskoi

━━━━━Natürliche Ressourcen sind natürliche Stoffe oder Prozesse, die erforderlich sind, um für uns Menschen nützliche Güter oder Dienstleistungen zu erzeugen. Typischerweise sind es Landflächen, Wasser und Rohstoffe. Letztere werden unterteilt in Biomasse, fossile Rohstoffe, Metallerze und nichtmetallische Mineralien. Wertvoll sind natürliche Ressourcen insofern, als sie allen moralisch berücksichtigungswürdigen Wesen – neben Menschen sind das viele andere Lebewesen – als notwendiges Mittel zum Erzeugen wertvoller Lebensbestandteile dienen. Aufgrund ihrer Bedeutung für das Leben vieler Lebewesen, sind sie vielfach knapp. Somit ist die Nutzung einer natürlichen Ressource Gegenstand von Gerechtigkeitsbeurteilungen. Wie lässt sich aber beurteilen, ob ein moralischer Akteur eine natürliche Ressource gerecht oder ungerecht nutzt?

Diese Frage müsste für jede natürliche Ressource einzeln diskutiert werden. Fokussieren wir uns hier auf die gegenwärtige Nutzung von Rohstoffen in Deutschland. Bewohner(innen) der Bundesrepublik haben im Jahr 2018 pro Kopf 170 Prozent mehr an Rohstoffen verbraucht als der weltweite Durchschnitt. Tabelle 1 stellt den stofflichen Fußabdruck („material footprint") pro Kopf in Deutschland und der Welt dar. Der stoffliche Fußabdruck gibt an, welche Menge an Rohstoffen all die Güter und Dienstleistungen beinhalten, die innerhalb eines Zeitraumes in einer Volkswirtschaft verbraucht wurden. Eine solche Nutzung von Rohstoffen durch Konsument(inn)en aus Deutschland kann gerecht oder ungerecht gegenüber anderen Menschen auf der Welt (globale Gerechtigkeit) oder gegenüber den zukünftigen Generationen (intergenerationelle Gerechtigkeit) sein. (1)

Globale Gerechtigkeit

Weltweit ungleicher Verbrauch von Rohstoffen ist als solcher nicht ungerecht. Aufgrund von geografischen Unterschieden oder kulturellen Praktiken dürften sich Bedarfe an Ressourcen zwischen Regionen stark unterscheiden. Man könnte meinen, die Ungleichheit in der Nutzung von Rohstoffen sei ungerecht, weil es nicht möglich wäre, dass alle Menschen weltweit Ressourcen in einem Umfang wie in Deutschland nutzten. Ich stimme zu, dass das Verbrauchsniveau in Deutschland nicht weltweit verallgemeinerbar ist. Ich glaube jedoch, dass es erst in intergenerationeller Betrachtung nicht verallgemeinerbar ist: Ein globaler Ressourcenverbrauch pro Kopf wie aktuell in Deutschland wäre mit gewaltigen Nachteilen für zukünftige Generationen verbunden.

Ein anderes Beurteilungsprinzip ist das Suffizienzprinzip: Demnach sollten alle Menschen weltweit Zugang zu einer Mindestmenge von Rohstoffen haben, die notwendig ist, um grundlegende Bestandteile eines gelingenden Lebens zu realisieren. Länder mit dem niedrigsten Einkommen haben einen durchschnittlichen

1 Stoffliche Fußabdrücke für Deutschland und die Welt für das Jahr 2018

	Biomasse t/Person	Fossile Rohstoffe t/Person	Metallerzeugnis t/Person	Nichtmetallische Mineralien	Stofflicher Fußabdruck gesamt
Deutschland	4,9	5,5	2,6	7,3	20
Welt	3,4	2,1	1,2	5,7	12
Verhältnis De/Welt	1,4	2,6	2,2	1,3	1,7

_Quelle: www.resourcepanel.org/global-material-flows-database

stofflichen Fußabdruck von zwei Tonnen pro Person und Jahr. Viele dort lebende Menschen dürften nicht über Zugang zu einer ausreichenden Menge an Rohstoffen verfügen, um ihre Grundbedürfnisse zu befriedigen. Gemäß dem Suffizienzprinzip ist dies ungerecht. Damit lässt sich allerdings die Konsummenge in Deutschland nicht kritisieren: Dass die Bewohner(innen) hierzulande viel mehr Ressourcen verbrauchen als der weltweite Durchschnitt, ist gemäß dem Suffizienzprinzip nicht ungerecht. Das Prinzip fordert lediglich, dass niemand unter der Schwelle eines Minimums bleibt.

Ich glaube dennoch, dass die Nutzung von Rohstoffen durch Bewohner(innen) Deutschlands global ungerecht ist. Es ist jedoch nicht die Menge der Ressourcen, die die Nutzung global ungerecht macht. Ihre Ungerechtigkeit resultiert aus der Aneignung von natürlichen Ressourcen. Wäre die Aneignung von Rohstoffen global gerecht, würden allerdings die Bewohner(innen) Deutschlands aller Voraussicht nach keine derart hohe Menge an Ressourcen verbrauchen.

Libertarismus, territoriale Souveränität und Kosmopolitismus

In der philosophischen Literatur finden sich drei Grundpositionen zur Frage, wer das Recht haben sollte, natürliche Ressourcen zu nutzen (zu heben bzw. zu bearbeiten), und wem die Vorteile aus der Nutzung einer natürlichen Ressource zukommen sollten (z. B. durch Weiterverkauf oder Verpachtung): Libertarismus, territoriale Souveränität und Kosmopolitismus.

Gemäß der libertären Position ist eine Aneignung einer natürlichen Ressource nicht ungerecht, wenn durch die Aneignung niemand schlechter gestellt wird als zuvor. Ohne uns lange mit der Interpretation dieser Bedingung zu beschäftigen, betrachte ich es als unstrittig, dass diese Bedingung auf die faktische Verteilung der Nutzungsrechte an natürlichen Ressourcen nicht zutrifft: Sehr viele Landflächen und die unter ihnen befindlichen Rohstoffe sind durch Kriege angeeignet und aufgeteilt worden. Dabei sind sehr viele Menschen unbestreitbar schlechtergestellt worden.

Gemäß der Position der territorialen Souveränität haben moralische Gemeinschaften, die auf einem Territorium leben, das moralische Recht, die natürlichen Ressourcen dieser Territorien zu nutzen. Die Vorteile aus der Nutzung natürlicher

Ressourcen sollten dann – nach einem noch zu spezifizierenden Verteilungsprinzip – zwischen allen Mitgliedern der moralischen Gemeinschaft verteilt werden. Gemäß der kosmopolitischen Position sind natürliche Ressourcen ein Gut, das der gesamten Menschheit gehören sollte. Die Vorteile aus der Nutzung natürlicher Ressourcen sollten allen Menschen weltweit zugutekommen. Dass das kosmopolitische Ideal in der Welt, wie sie gegenwärtig verfasst ist, nicht erfüllt ist, ist unmittelbar ersichtlich. Aber auch das Ideal der territorialen Souveränität wird bestenfalls in Norwegen realisiert. In den meisten anderen Nationalstaaten werden Vorteile aus natürlichen Ressourcen nicht zwischen allen Mitgliedern der jeweiligen moralischen Gemeinschaft aufgeteilt, sondern kommen meist einer kleinen Gruppe machtvoller Akteure zugute.

Mit anderen Worten: Die faktische Verteilung von Vorteilen aus der Nutzung natürlicher Ressourcen – die sich größtenteils entweder im Privatbesitz oder im Staatsbesitz von meist nicht demokratisch legitimierten Autoritäten befinden – lässt sich mit keiner plausiblen Theorie gerechter Aneignung rechtfertigen.

Intergenerationelle Gerechtigkeit

Die heutige Nutzung von natürlichen Ressourcen kann in zwei Hinsichten moralisch bedeutsame Auswirkungen auf zukünftige Generationen haben. Erstens entstehen bei der Verarbeitung von natürlichen Ressourcen Stoffe, die in der Umwelt verbleiben, sodass die zukünftigen Generationen mit Auswirkungen dieser Stoffe auf ihr Wohlergehen zu leben haben. Treibhausgase aus der Nutzung fossiler Rohstoffe sind ein prominentes Beispiel hierfür. Dass das Ausmaß, in dem die frühzeitig industrialisierten Länder zur globalen Erderwärmung beitragen, intergenerationell ungerecht ist, lässt sich kaum sinnvoll anzweifeln. Zweitens werden natürliche Ressourcen – Landflächen, Wasser, Rohstoffe – auch von zukünftigen Generationen benötigt, um Bestandteile gelingenden Lebens zu erzeugen. Wie lässt sich nun beurteilen, ob der aktuelle Verbrauch von nicht erneuerbaren Ressourcen in Deutschland intergenerationell gerecht ist?

Die Menge von nicht erneuerbaren Rohstoffen ist endlich. Bei einer stetigen Entnahme durch die Menschen werden die Vorräte irgendwann erschöpft sein. Es ist jedoch unbekannt, für wie lange sie reichen. Denn die Gesamtbestände von nicht erneuerbaren Ressourcen sind nicht bekannt. Und es ist auch nicht bekannt, wie viele Rohstoffe zukünftige Generationen für ihre Lebensqualität benötigen werden. Denn dies hängt vom technologischen Wissen dieser Generation sowie den zu dem Zeitpunkt jeweils vorherrschenden Gewohnheiten und Normen ab.

Relevantes Möglichkeitswissen

Trotz dieser Unsicherheiten lässt sich vernünftig begründen, dass das aktuelle Verbrauchsniveau an nicht erneuerbaren Ressourcen intergenerationell ungerecht ist. Das Argument stammt aus dem ersten Bericht an den Club of Rome, den berühmten „Grenzen des Wachstums". Die Autor(inn)en haben mit der folgenden Überlegung unseren Handlungsspielraum grob abgeschätzt: Im ersten Schritt haben sie mithilfe eines computergestützten Modells geschätzt, für wie lange die bekannten Reserven beim aktuellen Verbrauch und den bestehenden Verbrauchstrends ausreichen. Die Ergebnisse der Modellierung lauteten: die Reserven werden innerhalb von 130 Jahren, vor dem Jahr 2100, erschöpft sein. Im zweiten Schritt haben sie optimistische Annahmen über die Verfügbarkeit von nicht erneuerbaren Ressourcen unterstellt: die Reserven seien doppelt so groß wie bekannt; die Ressourcenintensität erhöhe sich um das Vierfache und die landwirtschaftliche Produktivität verdoppele sich. Doch auch unter diesen Annahmen kalkuliert das Modell, dass noch vor dem Jahr 2100 natürliche Knappheiten dazu führen, dass die ökonomische Produktion zusammenbricht.

Ergebnisse dieser Modellierung aus dem Jahr 1972 haben keine präzisen Vorhersagen getroffen. Doch das war auch nicht nötig. Denn sie haben relevantes Möglichkeitswissen generiert: Selbst unter Berücksichtigung weiteren technologischen Fortschritts und viel größerer Reserven als bekannt, hat das Modell berechnet, dass natürliche Knappheiten zu ökonomischen Zusammenbrüchen in einem Zeitraum von etwa hundert Jahren führen können. Dieses Wissen über die ernsthafte, da mithilfe eines konsistenten Modells begründete, Möglichkeit liefert den einschlägigen Grund zur normativen Beurteilung: Eine Business-as-usual-Nutzung von nicht erneuerbaren Ressourcen ist unverantwortlich gegenüber den zukünftigen Generationen und das überdurchschnittlich hohe Verbrauchsniveau in Deutschland ist umso stärker ungerecht.

Fazit: Die Menge an nicht erneuerbaren natürlichen Ressourcen, die die Menschheit gegenwärtig konsumiert, ist intergenerationell ungerecht. Die Nutzung von natürlichen Ressourcen ist global ungerecht, weil die Verteilung der Vorteile aus der Nutzung natürlicher Ressourcen gemäß allen gängigen Theorien gerechter Aneignung ungerecht ist. Wir in Deutschland tragen pro Kopf rund doppelt so viel zum gegenwärtigen Konsum an natürlichen Ressourcen bei, wie der durchschnittliche Pro-Kopf-Verbrauch weltweit.

Was folgt aus dieser Beurteilung? Prinzipien intergenerationeller Gerechtigkeit fordern, den Verbrauch an nicht erneuerbaren Ressourcen deutlich zu reduzieren. Prinzipien globaler Gerechtigkeit fordern, Institutionen zu verändern, innerhalb derer Vorteile aus der Nutzung natürlicher Ressourcen global verteilt werden. Solange die globalen Institutionen ungerecht gestaltet bleiben, sollten alle moralischen Akteure in einem so geringen Ausmaß daran partizipieren, wie nur möglich – dürfte der gesunde Menschenverstand schlussfolgern. _____

Anmerkungen

(1) Auswirkungen auf nicht menschliche moralisch berücksichtigungswürdige Lebewesen blende ich hier – zugegeben ungerechtfertigterweise – aus.
(2) Eine ausführliche Liste der verwendeten Literatur stellt der Autor auf Anfrage gern zur Verfügung.

Wann stimmt bei Ihnen die Chemie?
Die Chemie stimmt immer. Manchmal verstimmt sie aber das Wohlergehen. Ungerecht, wenn sie dabei von Anderen zusammengesetzt wurde.

Zum Autor
Eugen Pissarskoi, Ökonom und Philosoph, ist wiss. Mitarbeiter am IZEW an der Universität Tübingen. Dort leitet er das Verbundforschungsvorhaben „BATATA – Whose Bioeconomy? Tracing Visions of Socio-ecological Transformation and their Ethical Deliberation in Tanzania."

Kontakt
Dr. Eugen Pissarskoi
Internationales Zentrum für Ethik
in den Wissenschaften (IZEW)
Universität Tübingen
E-Mail eugen.pissarskoi@izew.uni-tuebingen.de

TOXIKOLOGIE

In den Ozeanen, auf den Äckern, in Alltagsprodukten – Chemikalien sind überall und wirken
oft negativ auf die Gesundheit von Mensch, Tier
und Umwelt. Um zu einer ressourcenschonenden
Produktion und nachhaltigeren Produkten zu kommen, brauchen wir mehr Transparenz über Inhaltsstoffe und die konsequente Umsetzung bestehen-
der Gesetze. – Was hilft gegen langlebige Fluorchemikalien? Wie kommen wir zu einer pestizidfreien
Landwirtschaft? Wie lassen sich Umsetzungsdefi-
zite in den Griff kriegen?

Schadstoffe im Alltag

Unsichtbar, aber gefährlich

Sie sind überall, aber so klein, dass wir sie nicht sehen oder riechen können. Trotzdem haben Chemikalien einen schädlichen Einfluss auf die Gesundheit und das Erbgut. Nur wenn mehr Transparenz über die Inhaltsstoffe von Produkten herrscht und die Politik konsequent handelt, lässt sich das ändern.

Von Luise Körner

——Ohne es zu wissen, sind wir im Alltag von Produkten umgeben, die schädliche Chemikalien enthalten: Parabene in Kosmetikprodukten, Weichmacher in Gartenartikeln oder Fluorchemikalien in Fast-Food-Verpackungen. Sie gelangen über die Atemluft, die Haut oder unser Essen in unseren Körper. Einige dieser Stoffe können das Erbgut verändern oder die Fortpflanzung gefährden. Andere können körpereigene Hormone von Menschen oder Tieren imitieren oder blockieren und werden verdächtigt, Mitverursacher von Brust- und Hodenkrebs, Fettleibigkeit, Diabetes sowie Lern- und Verhaltensstörungen bei Kindern zu sein. In der Umwelt sind besonders langlebige Stoffe ein Problem, weil sie sich im Laufe der Zeit in hohen Mengen anreichern können (vgl. S. 54 ff.).

Über 10.000 verschiedene Substanzen können in Kosmetik- und Körperpflegeprodukten enthalten sein. Einige davon stehen im Verdacht, Menschen und Umwelt zu schaden. Konservierungsmittel wie Parabene, chemische UV-Filter in Sonnencremes oder auch bestimmte Duftstoffe ähneln in ihrer Struktur unseren körpereigenen

Hormonen. Als hormonelle Schadstoffe können sie unseren Stoffwechsel beeinträchtigen. Sie werden mit Unfruchtbarkeit, Entwicklungsstörungen und einer verfrühten Pubertät in Verbindung gebracht. Die vielen verschiedenen Stoffe, die wir aufnehmen, können im Körper zu einem wahren Cocktaileffekt mit unabsehbaren Folgen führen. Besonders Schwangere, Kinder und Jugendliche sind durch hormonelle Schadstoffe gefährdet.

Kosmetik oder Chemikaliencocktail?

Nanopartikel kommen beispielsweise zur Farbgebung oder als UV-Filter in Kosmetikprodukten zum Einsatz. Aufgrund ihrer geringen Größe, können sie sehr weit in den Organismus vordringen. Die winzigen Teilchen reagieren viel schneller mit anderen Stoffen, sind wasserlöslich und können im Körper sogenannte Membranfenster von Darmauskleidungen, Lungenbläschen oder sogar Zellkernmembranen passieren. Nanomaterialien stehen im Verdacht, Schädigungen am Erbgut, Entzündungen und Organschäden zu verursachen, wenn sie diese wichtigen Schutzbarrieren des Körpers durchbrechen.

Mikroplastik sowie flüssige Kunststoffe kommen in Kosmetikprodukten als Filmbildner zum Einsatz sowie um Haut, Haare und Nägel geschmeidig zu machen. Diese Stoffe sind nur schwer bis gar nicht abbaubar. Kleinstlebewesen im Meer nehmen feste oder flüssige Kunststoffe auf, bevor sie von Fischen gefressen werden. Von Fischen und Muscheln ernähren sich wiederum Meeressäuger, Vögel – und wir Menschen. Mikroplastik wirkt zudem in der Umwelt wie ein »Magnet« für Schadstoffe, die sich an die Plastikpartikel binden. Fressen Tiere die Partikel, nehmen sie auch jede Menge andere Gifte auf. Es gibt bisher wenig Daten zu den Auswirkungen von Mikroplastik und flüssigen Kunststoffen auf die menschliche Gesundheit. Was wir jedoch wissen: Sie wurden mittlerweile sogar in der Plazenta und der Muttermilch nachgewiesen. Aufgrund ihrer Persistenz, reichern sich Kunststoffe immer weiter in der Umwelt und unseren Körpern an – mit unabsehbaren Folgen.

Doch nicht nur in Kosmetik- und Körperpflegeprodukten sind Kunststoffe ein Problem. Viele Chemikalien, die zur Herstellung von Plastik eingesetzt werden, sind extrem giftig. Gesundheitsgefährdend sind vor allem Zusatzstoffe wie Weichmacher, per- und polyfluorierte Substanzen (PFAS) oder Flammschutzmittel. Da diese

> **Aufgrund ihrer Persistenz reichern sich Kunststoffe immer weiter in der Umwelt und in unseren Körpern an – mit unabsehbaren Folgen.**

Chemikalien im Plastik nicht dauerhaft gebunden sind, können sie mit der Zeit entweichen. Über die Atemluft, den Hausstaub oder direkten Hautkontakt gelangen diese Stoffe in unsere Körper.

So sind mittlerweile bei fast allen Menschen Weichmacher wie Phthalate und ihre Abbauprodukte im Blut und Urin nachweisbar. Kinder weisen laut einer Studie des Umweltbundesamtes deutlich zu hohe Werte von PFAS im Blut auf. (1) Laut einer weiteren Studie überstiegen sie bei 14 Prozent der Teenager sogar die gesundheitsbezogenen Leitlinien der Europäischen Agentur für Lebensmittelsicherheit. (2) Noch wird davon ausgegangen, dass wir die meisten Chemikalien über Lebensmittel aufnehmen, gefolgt von Staub und Luft. Es gibt allerdings Studien, die zeigen, dass auch die Aufnahme über die Haut wesentlich zu unserer Chemikalienbelastung beiträgt – etwa bei bromierten Flammschutzmitteln. (3)

Labortests mit alarmierenden Ergebnissen

Tests weisen immer wieder stark erhöhte Konzentrationen von Schadstoffen in Produkten nach. So ließ der BUND kürzlich Gartenartikel von bekannten Baumärkten in einem unabhängigen Labor prüfen. In allen getesteten Produkten wurden Schadstoffe nachgewiesen. Besonders Produkte, die auf dem Kunststoff PVC basierten, wie Teichfolie, Gartenschlauch oder Pflanzschnur, waren stark belastet. PVC werden häufig Phthalat-Weichmacher zugesetzt. Einige der getesteten Gartenartikel bestanden sogar zu über einem Fünftel aus diesen Schadstoffen. (4)

Eine europaweit durchgeführte Studie wies erhöhte Konzentrationen bromierter Flammschutzmittel in Kinderspielzeug, Haarschmuck und Schlüsselanhängern aus Plastik nach. (5) Allen Produkten gemeinsam war, dass sie aus recyceltem Plastik hergestellt wurden. Durch eine von der EU gestützte Gesetzeslücke dürfen Recyclingprodukte mit diesen schwer abbaubaren und gesundheitsschädlichen Stoffen weiterhin in Verkehr gebracht werden: So wird Elektroschrott, der unter der Stockholm-Konvention weltweit verbotene bromierte Flammschutzmittel enthält, zur Entsorgung in den Globalen Süden exportiert. Dort wird er zu neuen Produkten des täglichen Bedarfs recycelt und zum Teil nach Europa reimportiert. (6)

Eine weitere europäische Studie wies PFAS in Verpackungen von Fast Food nach. Alle 42 getesteten Pommestüten, Pizzaschachteln oder Einwegschüsseln enthielten PFAS. Diese Stoffe werden aufgrund ihrer fett- und wasserabweisenden Eigenschaften zur Imprägnierung eingesetzt. Allerdings sind die auch unter dem Begriff „Ewigkeitschemikalien" bekannten Stoffe extrem persistent. Einmal in der Umwelt können sie dort bis zu 1.000 Jahre verweilen. Bei 32 der 42 Verpackungsproben wurden sehr hohen Konzentrationen nachgewiesen. Es ist daher davon auszugehen, dass diese vorsätzlich mit PFAS behandelt wurden. Bei zehn der Proben wurden niedrigere Konzentrationen oberhalb der Nachweisgrenze gemessen, die auf Verunreinigungen schließen lassen. Das heißt, PFAS sind mittlerweile sehr weit in der Produktionskette verbreitet. (7)

Barcode scannen, Gift erkennen

Für mehr Transparenz zu den Inhaltsstoffen von Produkten hat der BUND vor einigen Jahren die ToxFox-App entwickelt. Zu mehr als 200.000 Kosmetik- und Körperpflegeprodukten gibt die App nach dem Scannen des Barcodes auf der Verpackung direkt Auskunft über enthaltene Schadstoffe. (8) Für Alltagsprodukte wie Spielzeug, Lebensmittelverpackungen, Gartenartikel, Textilien und Elektrogeräten gilt in der EU das Auskunftsrecht. Verbraucher(innen) haben damit das Recht, Informationen über Schadstoffe in Produkten vom Hersteller zu erhalten. Von ihrem Recht auf Auskunft wissen allerdings die meisten Menschen nichts. Der ToxFox ändert das: Über die App können Nutzer(innen) ganz leicht bei Herstellerinnen und Händlern nachfragen, ob ein Produkt besonders besorgniserregende Stoffe enthält. Die Antwort wird in einer europaweiten Datenbank gespeichert und steht beim nächsten Scan mit der ToxFox-App sofort zur Verfügung. Je mehr Menschen nachfragen, umso eher nehmen Hersteller Schadstoffe aus ihren Produkten.

Um Menschen in ganz Europa Zugang zu Informationen über Schadstoffe in Alltagsgegenständen zu ermöglichen, hat der BUND im Projekt LIFE AskREACH eine europaweite App nach ToxFox-Vorbild entwickelt. (9) So greift neben dem ToxFox in Deutschland auch die internationale App Scan4Chem auf die europäische Ask-REACH-Datenbank zu (vgl. S. 99 ff.). Von Schweden bis Litauen über Portugal bis Estland: In insgesamt 19 Ländern sind bereits Schadstoff-Apps verfügbar.

Chemikalienpolitik konsequenter umsetzen

Die 2020 veröffentlichte EU-Chemikalienstrategie sieht unter anderem strikte Verbote von Hormongiften und anderen Schadstoffen in Alltagsprodukten vor. Ein Schlüssel für nachhaltigere Produkte und eine ressourcenschonende Produktion liegt in der Transparenz zur chemischen Zusammensetzung – sowohl innerhalb der Lieferketten, als auch für Verbraucher(innen). Die anstehende Revision der europäischen Chemikalienverordnung REACH muss zudem die Regulierung von Chemikalien beschleunigen und verhindern, dass gefährliche Stoffe weiterhin durch weniger untersuchte mit ähnlichen Eigenschaften ersetzt werden. Das ist etwa bei PFAS, Bisphenolen oder Phthalaten der Fall. Durch die gegenwärtige Praxis der Einzelstoffbewertung können Kontrollbehörden mit der Marktentwicklung nicht Schritt halten. Lediglich 230 Stoffe wurden seit Einführung von REACH 2007 auf die Kandidatenliste der zu beschränkenden Stoffe gesetzt – mehr als 2.000 sollten es laut BUND sein. Dabei muss die EU-Kommission die Vorgaben der EU-Chemikalienstrategie für Nachhaltigkeit umsetzen: ein Verbot von gefährlichen Stoffen in Produkten und die Einstufung von hormonellen Schadstoffen, persistenten, mobilen und toxischen (PMT) sowie sehr persistenten und sehr bioakkumulativen Stoffen (vPvB) als ähnlich besorgniserregend wie krebserregende, erbgutverändernde und fortpflanzungsschädliche Stoffe. Auch die Beschränkung der gesamten Chemikaliengruppe der PFAS ist Teil der EU-Chemikalienstrategie. Der BUND fordert ein Verbot in verbrauchernahen Produkten bis 2025 und den Ausstieg aus Produktion und Verwendung dieser gefährlichen Stoffe bis 2030.

Chemikalienstrategie und REACH-Revision sind entscheidend für einen nachhaltigen Wandel der Chemieindustrie. Die Politik ist gefordert, für ihre zeitnahe Umsetzung zu sorgen. Deutschland als drittgrößter Chemiestandort der Welt, steht hier besonders in der Verantwortung. ———

Literatur

(1) www.sciencedirect.com/science/article/pii/S1438463920300584?via%3Dihub

(2) www.hbm4eu.eu/wp-content/uploads/2022/05/HBM4EU-Newspaper.pdf

(3) https://doi.org/10.1016/j.envint.2018.05.027 und https://doi.org/10.1038/jes.2015.84

(4) www.bund.net/service/publikationen/detail/publication/factsheet-zum-toxfox-gartenartikel-test-bund-deckt-schadstoffe-in-gartenartikeln-auf/

(5) https://arnika.org/en/publications/toxic-toy-or-toxic-waste-recycling-pops-into-new-products

(6) www.bund.net/service/publikationen/detail/publication/gefaehrliches-recycling/

(7) www.bund.net/service/publikationen/detail/publication/pfas-verpackungscheck/

(8) bund.net/toxfox

(9) www.askreach.eu

Wann stimmt bei Ihnen die Chemie?

Chemie zwischen Menschen ist der Stoff, aus dem verbindende, vertrauensvolle Kommunikation entsteht.

Zur Autorin

Luise Körner ist Expertin für Kampagnen und Kommunikation. Sie leitet seit Januar 2022 das Team Chemikalienpolitik beim Bund für Umwelt und Naturschutz e. V. (BUND).

Kontakt

Luise Körner

Bund für Umwelt und Naturschutz Deutschland e. V. (BUND)

E-Mail luise.koerner@bund.net

Schädliche Fluorchemikalien

Verschwenderischen Einsatz stoppen

Sind langlebige, giftige Stoffe erst einmal in die Umwelt gelangt, bleiben sie unumkehrbar dort. Um die Natur sowie die Gesundheit von Menschen und Tieren vor den negativen Wirkungen dieser Chemikalien zu schützen, muss die ganze Stoffgruppe verboten werden.

Von Johanna Hausmann und Hanna Mertes

Fluorchemikalien, sogenannte per- und polyfluorierte Alkylsubstanzen, kurz PFAS, sind toxisch, extrem persistent und kommen vielfach zum Einsatz. Sie werden unter anderem eingesetzt in: antihaftbeschichtetem Kochgeschirr, besser bekannt als Teflon-Kochgeschirr, fett- und wasserabweisenden Lebensmittelverpackungen, Imprägniermitteln für Textilien, wasserdichten Zeltplanen und Outdoortextilien, Skiwachsen, Lackbeschichtungen von Smartphones und Solarmodulen, Sonnenschutzmitteln, Kosmetik- und Körperpflegeprodukten (als Haarfärbesubstanz, Bindemittel, Füllstoff oder Lösemittel, etwa in Cremes, Shampoos, Make-up, Gesichtsmasken, Feuchtigkeitspflege für die Haare), Feuerlöschschaum, Elektronikindustrie, Flugzeugindustrie, Ölförderung, Bergbau und Pestiziden.

PFAS bringen Eigenschaften mit, die sich Hersteller(innen) und Produzent(innen) von einer »guten Chemikalie« wünschen. Sie sind wahre Alleskönner: wasserabweisend, fettabweisend, antihaftend und gleichzeitig chemisch und thermisch äußerst stabil. Diese Langlebigkeit, im Fachjargon als Persistenz bezeichnet, führt allerdings dazu, dass sich Fluorchemikalien sowohl in der Umwelt, in Tieren und Menschen ansammeln (akkumulieren) und mitverantwortlich für die Entstehung von Krankheiten sind.

PFAS kommen natürlicherweise nicht vor. Seit den 1940er-Jahren werden sie industriell hergestellt und erfreuen sich weiterhin hoher Beliebtheit, wie ein Blick auf die monatlich etwa 400 Patentanmeldungen in den USA mit dem Kürzel „perfluor-" zeigt. Fluorchemikalien werden auch als perfluorierte Tenside, PFT, oder per- und polyfluorierte Chemikalien, PFC, bezeichnet. Das chemische Grundgerüst von PFAS-Verbindungen besteht aus Kohlenstoffketten. Die normalerweise an Kohlenstoffketten befindlichen Wasserstoffatome sind in PFAS komplett (perfluoriert) oder teilweise (polyfluoriert) durch Fluoratome ersetzt. Daher rühren ihr Name, die PFAS-typischen Eigenschaften und die Breite der Anwendungsmöglichkeiten.

Obwohl viele Produkte PFAS enthalten, ist nur wenig darüber bekannt, wie die Substanzen in Europa eingesetzt werden – also in welchen Produkten welche PFAS in welcher Menge vorkommen. Zudem ist von den aktuell – circa 9.000 – eingesetzten Fluorchemikalien nur ein Bruchteil wissenschaftlich ausreichend untersucht. Die Studienergebnisse der wenigen PFAS zeigen jedoch, dass die Substanzen wegen ihrer Gefahren für Mensch und Umwelt dringend verboten beziehungsweise die Anwendungsmöglichkeiten eingeschränkt werden sollten.

Gesundheitsrisiko Ewigkeitschemikalien

PFAS sind toxisch, also giftig für Menschen, Tiere und die Umwelt. Wir Menschen sind über unterschiedliche Quellen vielen verschiedenen PFAS-Verbindungen gleichzeitig ausgesetzt. Aufgrund der Vielzahl der möglichen Anwendungsgebiete finden sich die Stoffe nahezu überall um uns herum. Da alle Umweltkompartimente (Boden, Luft, Wasser, Erdkruste) und auch das Regenwasser mit PFAS belastet sind, nehmen wir Menschen PFAS über die Atemluft, die Nahrung (belastete Böden, Nahrungsmittelverpackungen) und das Trinkwasser auf. PFAS können Trinkwasseraufbereitungsanlagen passieren, was ein zunehmendes Problem in Regionen mit entsprechender Industrie, Flughäfen, Feuerwehreinrichtungen oder Abfallbeseitigungsanlagen ist. PFAS sind mobil – sie sind in Pflanzen, Tieren, in uns Menschen und in den Polarregionen, und damit weitab von jeder Zivilisation, nachweisbar. Über PFAS-haltige Pflege- oder Kosmetikprodukte gelangen die Substanzen durch die Haut in den Körper. Die Daten der Deutschen Umweltstudie zur Gesundheit von Kindern und Jugendlichen (GerES V) zeigen, dass beinahe 100 Prozent der untersuchten Drei- bis Siebzehnjährigen mit Perfluoroktansulfonsäure (PFOS) oder Perfluoroktansäure (PFOA) belastet waren.

Die gesundheitlichen Auswirkungen sind nur für einen Bruchteil der zur Anwendung kommenden PFAS erforscht. Bei den untersuchten Verbindungen zeigte sich, dass sie hormonell wirksam waren und damit die Funktion von Hormonen im Körper beeinflussen sowie reproduktions- und immuntoxische Folgen haben können. Damit geht eine Vielzahl möglicher Krankheitsbilder einher, deren Auftretenswahrscheinlichkeit beziehungsweise Erkrankungsrisiko sich durch die Belastung mit PFAS erhöht. Studien zufolge sind zum Beispiel Schilddrüsenerkrankungen und Adipositas auf den Einfluss von Fluorchemikalien zurückzuführen. Effekte auf die Fruchtbarkeit, wurden mit einer verringerten Spermienqualität, einer verzögerten Pubertät, einer vorzeitigen Menopause und einem verringerten Geburtsgewicht in Verbindung gebracht. In Zusammenhang mit den analysierten PFAS zeigten sich zudem Leberschädigungen und ein möglicherweise erhöhtes Risiko für bestimmte Krebserkrankungen, unter anderem Nieren- und Hodenkrebs.

Da es sich bei PFAS um eine solch große Gruppe zu Anwendung kommender Substanzen handelt, sind die bisherigen wissenschaftlichen Erkenntnisse zu den möglichen gesundheitlichen Folgeschäden besorgniserregend. Da Fluorchemikalien extrem langlebig sind, erhöht sich die Belastung, je mehr davon in die Umwelt und Produkte eingebracht werden.

Globales Ringen um bessere Regulierung

In Anbetracht der langfristigen Folgen für Umwelt und Gesundheit stellt sich die Frage nach der Regulierung von PFAS. Eigentlich sollte die Antwort lauten: PFAS sind verboten. Mit wenigen Ausnahmen ist dem jedoch mitnichten so. Als zwei wissenschaftlich gut untersuchte Verbindungen wurden PFOA und PFOS wegen ihrer Gefahren für Umwelt und Mensch verboten. Dort, wo PFOA und PFOS nicht mehr eingesetzt werden dürfen, werden sie oft durch andere PFAS-Verbindungen substituiert. Nicht weil diese erwiesenermaßen für Umwelt und Mensch ungefährlich sind, sondern weil die bisherigen wissenschaftlichen Daten nicht ausreichen, um ein Verbot zu rechtfertigen oder im Sinne des vorsorgenden Gesundheitsschutzes eine Anwendung »guten Gewissens« zuzulassen. Die Ersatzverbindungen unter-

> **Während die erwiesene Langlebigkeit den PFAS den Spitznamen „Ewigkeitschemikalie" eingebracht hat, sind die möglichen toxischen und bioakkumulativen Eigenschaften bisher nur unzureichend bekannt.**

scheiden sich in ihrer chemischen Struktur teilweise nur geringfügig von den wenigen verbotenen PFAS. Die sogenannte bedauerliche Substitution zeigt deutlich das Dilemma der vergangenen und gegenwärtigen Regulierung von PFAS.

2017 formulierten Wissenschaftler(innen) in der Zürcher Erklärung, dass PFAS und deren Wirkweise dringend besser erforscht und Gruppenverbote ausgesprochen werden müssen. Da PFAS weltweit eingesetzt werden und somit überall auf der Welt in allen Umweltkompartimenten nachgewiesen werden können, besteht ein klarer globaler Regulierungsbedarf. Als internationaler Vertrag greift hier die Stockholm-Konvention, die persistente, organische Schadstoffe (sogenannte POPs) reguliert. PFAS sind gemäß den formulierten Zielen (exklusiv zu diskutierender unverzichtbarer Anwendungsgebiete) wie folgt eingeordnet:

◻ PFOS und verwandte Verbindungen: weltweite Beschränkung seit 2009,
◻ PFOA und verwandte Verbindungen: weltweite Eliminierung seit 2022,
◻ PFHxS: weltweite Eliminierung seit 2022.

Gleichzeitig sind PFAS auch in dem Strategischen Ansatz für ein internationales Chemikalienmanagement (SAICM) als bedenkliche Problemstoffe, sogenannte Issues of Concern (IoC), charakterisiert. Dadurch sind sie im Fokus für ein sicheres Chemikalienmanagement. Ein Nachfolgeprozess für SAICM wird derzeit verhandelt (vgl. S. Interview ff). Die Beibehaltung von PFAS als IoC und eine entsprechende strengere Förderung einer Regulierung ist ein Muss.

In Europa arbeiten mit Deutschland vier weitere Mitgliedstaaten an einem Vorschlag zur Beschränkung aller PFAS ab dem Jahr 2025, gestützt durch die neue Chemikalienstrategie für Nachhaltigkeit (CSS) der Europäischen Kommission aus dem Jahr 2020. Diese sieht vor, peu à peu den Einsatz von PFAS in allen nicht wesentlichen Anwendungen auslaufen zu lassen. Grundlage der europäischen Chemikaliengesetzgebung ist REACH. Die REACH-Verordnung regelt die Registrierung, Bewertung, Zulassung und Beschränkung von Chemikalien in Europa und trat 2007 in Kraft. So sind aufgrund der oben beschriebenen, typischen Eigenschaften einige PFAS-Untergruppen als besonders besorgniserregende Stoffe klassifiziert. Die Verwendungen dieser Stoffe bedürfen einer Zulassung, die nur befristet erteilt wird, wenn es keine geeigneten Alternativen gibt. Über die EU-POP-Verordnung sind auf europäischer Ebene PFOS in reiner Form seit 2010 verboten, 2020 folgten PFOA und Vorläuferverbindungen, die potenziell in PFOA umgewandelt werden können.

Ohne ein Gruppenverbot kein substanzieller Fortschritt

Die hohe zu erbringende Beweislast hemmt die weitere, dringend notwendige Regulierung beziehungsweise das Aussprechen eines Gruppenverbotes. Die derzeitigen Abkommen verlangen neben einer hohen Persistenz der zu regulierenden Substanz, dass auch deren Toxizität und Bioakkumulationsfähigkeit nachgewiesen werden. Während die erwiesene Langlebigkeit PFAS unter anderem den Spitznamen „Ewigkeitschemikalie" eingebracht hat, sind die möglichen toxischen und bioakkumulativen Eigenschaften der vielen PFAS-Verbindungen wegen der dünnen Datenlage bislang nur unzureichend bekannt. Die bisherigen Ergebnisse toxikologischer Wirkungen einiger weniger Substanzen geben allerdings begründeten Anlass zur Sorge. Da es sich bei den PFAS um so viele Verbindungen handelt, kann nur ein Gruppenverbot die Gesundheit von Mensch und Umwelt wirksam schützen. Es sind zu viele, um sie einzeln zu untersuchen; einzelne Verbote werden durch das beschriebene Dilemma der Substitution unterlaufen.

Dies wirft die Frage auf, inwiefern das Vorsorgeprinzip, das Grundlage der deutschen, europäischen und internationalen Umweltpolitik ist, hier, wie auch in vielen anderen Fällen, wenn es um die Regulierung von Chemikalien geht, so greift, wie wir es als Umweltorganisation verstehen. Der Eintrag von erst im Nachhinein als toxisch klassifizierten, persistenten Chemikalien in die Umwelt ist nicht rückgängig zu machen. Aus Sicht von Nichtregierungsorganisationen sollte allein die extreme

Persistenz Grund genug für eine strikte Regulierung sein. Geschlechtsspezifische Unterschiede, die unterschiedliche Gefährdung nach Lebensalter (Ungeborene und Kleinkinder) müssen darüber hinaus in der Chemikaliengesetzgebung endlich stärker mitgedacht werden. ⎯⎯▬

Literatur

Bundesministerium für Umwelt, Naturschutz, Nukleare Sicherheit und Verbraucherschutz (2022): Leitfaden zur PFAS-Bewertung. www.lawa.de/documents/pfas-leitfaden-bf_2_1646139296.pdf

https://chemtrust.org/de/wp-content/uploads/sites/2/2020/02/CHEM-Trust-PFAS_Briefing_German_final.pdf

www.umweltbundesamt.de/sites/default/files/medien/2546/publikationen/uba_sp_pfas_web_0.pdf

Women Engage for a Common Future (2021): Geschlechtergerechte Chemikalienpolitik. Gemeinsam für eine giftfreie Zukunft. www.wecf.org/de/wp-content/uploads/2018/10/Gender-and-Chemicals-Hintergrundpapier_11.21.pdf

Weitere Literaturhinweise stellen die Autorinnen auf Anfrage gern zur Verfügung.

Wann stimmt bei Ihnen die Chemie?

a) Wenn meine neue Nachbarin im Schlafanzug die Türe öffnet und einen Kaffee anbietet.

b) Wenn sich unsere scheue Katze Inge streicheln ließe, denn beim Essengeben stimmt die Chemie schon.

Zu den Autorinnen

a) Johanna Hausmann ist Politikwissenschaftlerin und Politikberaterin für Umwelt und Gesundheit. Für WECF ist sie als Senior Policy Advisor tätig. Sie engagiert sich auf nationaler, europäischer und internationaler Ebene für eine strengere Chemikalienpolitik.

b) Hanna Mertes ist Gesundheitswissenschaftlerin. Sie beschäftigt sich damit, wie wir als Menschen mit unserer Umwelt verbunden sind.

Kontakt

Johanna Hausmann, Hanna Mertes
Women Engage for Common Future (WECF)
E-Mail johanna.hausmann@wecf-consultant.org, hanna.mertes@wecf-consultant.org

Hoher Pestizideinsatz in der Landwirtschaft

An Lösungen mangelt es nicht

Ursprünglich für den Notfall gedacht, ist der Einsatz von Chemie gegen Pflanzenschädlinge längst der Normalfall. Das liegt auch daran, dass der politische Diskurs noch immer von den Profiteuren des bisherigen Agrarsystems dominiert wird. Dabei gibt es machbare Alternativen. Allein der politische Wille fehlt.

Von Lars Neumeister

—————Vor 60 Jahren wurde „Der stumme Frühling" von Rachel Carson veröffentlicht. Dieses Buch rückte den Einsatz von Pestiziden weltweit in den Fokus der Öffentlichkeit. Erst danach wurden Pestizide international und national umfassender reguliert. Staatliche Zulassungen auf der Grundlage von (mangelhaften) Risikobewertungen definieren seitdem die aus der Sicht des Staates akzeptablen Risiken. (1) Anwendungsregeln sollen dafür sorgen, dass diese Risiken auf dem definierten Niveau bleiben.

Die Verwendung von Pestiziden an sich wurde durch Regierungen nie in Frage gestellt und der weltweite Einsatz der giftigen Stoffe zum Pflanzenschutz hat sich seit den 1960er-Jahren vervielfacht. In der Europäischen Union stagniert der Pestizideinsatz seit Jahrzehnten auf sehr hohem Niveau. Verglichen mit den 1990er-Jahren ist er in den frühen Mitgliedstaaten, den sogenannten EU-15, sogar deutlich höher. Vage Versprechungen einer Minderung wurden nie erfüllt. Immerhin sind auf Druck der Öffentlichkeit einige der giftigsten Pestizide nicht mehr im Einsatz. Ursprünglich, im 19. Jahrhundert, schienen Pestizide ein nützliches Instrument zur Bekämpfung von Schädlingen und Krankheiten zu sein. Schon bald nach ihrer

Einführung wurden Pestizide zur Schlüsseltechnologie für die Schaffung und Auf-
rechterhaltung sehr vereinfachter und damit – in jeder Hinsicht – anfälliger land-
wirtschaftlicher Produktionssysteme. Diese Anfälligkeit führte zu einer sich selbst
verstärkenden Abhängigkeit von Pestiziden, die einen Lock-in-Effekt hatten, aus
dem kein Entkommen möglich scheint.

Pestizide verursachen erhebliche gesundheitliche, ökologische und ökonomische
Schäden und gelten als mitverantwortlich für ein schädliches und kostspieliges
Agrarsystem. Dennoch sind fast alle Versuche, den Pestizideinsatz in großem Maß-
stab zu reduzieren, gescheitert. Für diese Situation gibt es mehrere Gründe. Pestizide werden oft als landwirtschaftliche Hilfsmittel betrachtet, die einfach durch
weniger schädliche Mittel ersetzt werden sollen. Dieser Ansatz ist zum Scheitern
verurteilt. Das derzeitige landwirtschaftliche System ist seit Jahrzehnten auf den
kontinuierlichen Einsatz von Pestiziden ausgerichtet. Es sind keine Notfallmittel,
um sich der Natur zu erwehren, sondern Betriebsmittel, um im globalen Wettbewerb möglichst kostengünstig Agrarrohstoffe zu produzieren.

Umweltschäden lassen sich vermeiden

Es ist von größter Wichtigkeit, diese sozio-ökonomischen Triebkräfte zu verstehen,
die auf die landwirtschaftlichen Betriebe wirken und sie indirekt zum Einsatz von
Pestiziden zwingen. Erst wenn man sich dessen bewusst wird, lassen sich Lösungen finden. Es ist nicht der Mangel an Alternativen, der zum Pestizideinsatz führt,
sondern ein politisch gewolltes Festhalten an einem anfälligen Anbausystem, das
gravierende Umweltprobleme zur Folge hat.

Da die Landwirtschaft ökonomisch abhängig vom Pestizideinsatz ist, müssen die
politischen Änderungen in erster Linie die wirtschaftlichen Aspekte dieser Abhängigkeit berücksichtigen. Die Änderungen müssen mehreren Zielen dienen:

▢ Erhöhung der Kosten der derzeitigen, nicht nachhaltigen und für die Gesellschaft
kostspieligen landwirtschaftlichen Praktiken,

▢ Steigerung des landwirtschaftlichen Einkommens durch eine diversifizierte, pestizidfreie Produktion,

▢ Schutz der nachhaltigen Produktion vor der Konkurrenz durch nicht nachhaltige
Produktion.

Die meisten politischen und wirtschaftlichen Instrumente, um diese Ziele zu erreichen, sind bereits bekannt und zum Teil vorhanden. Sie müssen allerdings stark
verbessert und (endlich) umgesetzt werden.

Darüber hinaus stehen beträchtliche öffentliche Mittel (Subventionen) zur Verfügung, die für die notwendige Transformation umzuwidmen sind. Weitere finanzielle
Mittel wären verfügbar, wenn eine dringend notwendige Pestizidabgabe einge-
führt und ein ausreichend hoher Kohlenstoffdioxid- beziehungsweise Methanpreis
für alle landwirtschaftlichen Produkte und Vorprodukte einschließlich importierter
Futtermittel und Düngemittel festgelegt wird. Ohne finanzielle Anreize wird es
keine pestizidfreie Landwirtschaft geben.

Eine Änderung der derzeitigen Subventionspolitik ist dringend erforderlich. Sie
muss die landwirtschaftliche Arbeit (Einkommen), die Direktvermarktung und re-

> **Ohne finanzielle Anreize wird es
keine pestizidfreie Landwirtschaft geben.**

gionale Wertschöpfungsketten unterstützen. Die geltenden Regeln, nach denen
diejenigen am meisten Subventionen bekommen, die am meisten Land besitzen,
müssen abgeschafft werden.

Neben besseren Anreizsystemen durch Subventionen und wirksamen, lenkenden
Abgaben sind klare gesetzliche Regeln festzulegen. Momentan weist die EU-Pesti-
zidpolitik große Mängel auf und ist – wie ein Großteil der Agrar- und Umweltpolitik
in der EU – weder kohärent noch auf übergreifende politische Ziele abgestimmt. So
müssten sich zum Beispiel die nationalen Zulassungen für Pestizide strikt an den
Prinzipien des integrierten Pflanzenschutzes ausrichten. Erst wenn sich Schädlinge
oder Schaderreger nicht durch präventive Maßnahmen oder Nützlinge kontrollieren lassen, sollte es eine Zulassung für den Einsatz von Chemikalien geben. Diese
vergleichende Zulassung muss durch EU-Recht festgelegt werden.

Theoretisch sollen erlaubte Pestizidmengen im Essen so niedrig wie möglich sein. In der Realität basieren sie auf dem höchsten Rückstand, der nach einer vorschriftsmäßigen Anwendung übrig bleibt. Auch hier muss es eine vergleichende Bewertung geben. Erst wenn der Einsatz von Pestiziden nach Ausschöpfung aller anderen Möglichkeiten unausweichlich ist, dürfen Rückstandshöchstgehalte festgelegt werden. So würde man eine Kohärenz herstellen, denn der Einsatz von Pestiziden sollte das letzte Mittel beim Pflanzenschutz sein. Schrittweise müssen die erlaubten Konzentrationen von Pestiziden in Lebensmitteln abgesenkt werden, um den Übergang zu einer pestizidfreien Landwirtschaft zu fördern. Die größte Herausforderung ist wahrscheinlich der Schutz der nachhaltigen Produktion vor der Konkurrenz durch nicht nachhaltige Produktion. Hierfür bräuchte es globale Abkommen zum Weltagrarhandel, die den Schutz von Mensch und Umwelt in den Mittelpunkt stellen.

Vom Luxus zur Notwendigkeit

Angesichts des ökonomischen Lock-ins und der notwendigen Voraussetzungen erscheint der Wunsch nach einer pestizidfreien Landwirtschaft illusorisch. Schaut man sich aber die Gesamtsituation der Landwirtschaft an, wird klar, dass ein „Weiter so" wahrscheinlich auch nicht möglich ist. Denn die konventionelle Landwirtschaft ist stark von fossilen Energiequellen, insbesondere für die Herstellung von Düngern, abhängig. Bodenfruchtbarkeit durch vielfältigeren Anbau inklusive Leguminosen (stickstoffspeichernden Pflanzen) wird in naher Zukunft von einem Luxus zu einer Notwendigkeit. Mehr Vielfalt auf dem Acker verringert auch die Anfälligkeit der individuellen Fruchtart für Schaderreger und Verunkrautung und kann unter Umständen sogar höhere Erträge bringen als einseitige Anbausysteme. Nur ein Bruchteil der landwirtschaftlichen Nutzfläche in Europa wird derzeit für die Produktion von Lebensmitteln genutzt, die Menschen essen sollten, um sich gesund und klimafreundlich zu ernähren. Der größte Teil der Fläche dient der Erzeugung von Tierfutter für die Fleisch- und Milchproduktion. Jährlich ernährt die EU-Landwirtschaft sieben Milliarden Nutztiere und nur etwa 0,45 Milliarden Menschen. Die Nutztierhaltung in dieser Größenordnung ist weder tier- noch umweltfreundlich. Ohne eine massive Reduktion der Tierzahlen wird es keinen Tierschutz und wirksamen Klimaschutz in der Landwirtschaft geben. Die Reduktion der Tierzahlen

> **„ Man könnte schon in wenigen Jahren Getreide, Mais und andere Futterpflanzen ganz ohne Pestizide produzieren. "**

wird auch zu einer Entlastung der Ackerflächen führen können. Die frei werdenden Flächen könnten zur Kompensation von Emissionen verwendet werden, aber auch für die Produktion von Lebensmitteln für den direkten menschlichen Verzehr.

Pestizidfreie Bewirtschaftung ist machbar

Das Ökoinstitut hat im Auftrag von Greenpeace kürzlich ausgerechnet, dass allein Deutschland 70 Millionen Menschen mehr mit Essen versorgen könnte, wenn sich die Bevölkerung gesund und klimafreundlich ernähren würde. (2) Alternativ könnte man sehr große Flächenanteile (40 Prozent) der Natur zurückführen, was direkt zu einer massiven Einsparung von Ressourcen einschließlich von Pestiziden führen würde.

Die Probleme, die die moderne Landwirtschaft geschaffen hat, wurden alle erkannt und es gibt genügend machbare Lösungen. Man könnte zum Beispiel schon in wenigen Jahren Getreide, Mais und andere Futterpflanzen ganz ohne Pestizide produzieren. Das machen viele konventionelle und ökologische wirtschaftende Betriebe seit vielen Jahren, teilweise seit Jahrzehnten. Diese Fruchtarten haben einen Anteil von etwa 65 Prozent an der EU-Ackerfläche (ohne Wiesen und Weiden). Würde man sich noch darauf einigen, alles Obst und Gemüse (ca. zwölf Prozent der EU-Ackerfläche) nur noch ökologisch zu produzieren, wären schon 80 Prozent der EU-Ackerfläche pestizidfrei (ca. fünf Prozent Brachen eingeschlossen). Dazu müsste man allerdings die Subventionen viel stärker in den arbeitsintensiven Obst- und Gemüsesektor verschieben und nicht weiter in den flächenintensiven Ackerbau. Damit käme man auch den Wünschen der Bürger(innen) entgegen. Eine Mehrheit von ihnen wünscht sich eine pestizidfreie Landwirtschaft. Das haben sie bereits in zwei EU-weiten Bürger(innen)initiativen bezeugt.

Eine weitere Voraussetzung ist die Änderung des Diskurses. Solange ein Topmanager der größten Pestizidfirma der Welt unhinterfragt und unkommentiert in anerkannten Zeitungen behaupten kann, dass der ökologische Landbau in Europa den Afrikaner(inne)n Essen wegnimmt, wird sich wenig ändern. (3) Es muss einen Dialog mit den Landnutzer(inne)n darüber geben, wie man Ernährung sichern, gleichzeitig die Umwelt schützen kann und die landwirtschaftlichen Betriebe dabei gut überleben können. Der derzeitige politische Diskurs wird von den Profiteuren des bisherigen Anbausystems dominiert und verhindert jegliche Lösung. _____

Anmerkungen
(1) www.foodwatch.org/en/news/2022/europes-fatal-dependency-on-pesticides/
(2) www.greenpeace.de/publikationen/Gesundes%20Essen%20für%20das%20Klima_0.pdf
(3) www.publiceye.ch/de/standpunkte/hunger-wegen-bio-anbau-durchsichtige-pr-aktion-des-weltgroessten-pestizidherstellers

Der Autor entwickelte einen Pestizidausstiegsplan für Foodwatch international, der Grundlage für diesen Artikel ist.

Wann stimmt bei Ihnen die Chemie?
Wenn ich mehr Oxytocin im Körper, als Pestizide im Essen habe.

Zum Autor
Lars Neumeister hat Landschaftsnutzung und Naturschutz sowie Global Change Management studiert. Seit 1998 arbeitet er fast ausschließlich zum Thema Pestizide und veröffentlichte zahlreiche Publikationen darüber.

Kontakt
Lars Neumeister
E-Mail lars.neumeister@pestizidexperte.de

Stoffliche Belastung der Meere

Nicht unsere Müllkippe!

Der traurige Zustand der Meere zeigt, wie verantwortungslos wir Menschen mit unserem Planeten umgehen und uns dadurch am Ende selbst schaden. Gerade der zu laxe Umgang mit umweltschädlichen Chemikalien hat ernsthafte Konsequenzen für das Leben in den Ozeanen.

Von Franziska Saalmann

——Rund 400 Millionen Tonnen Schadstoffe landen pro Jahr in den Meeren, so schätzen die Vereinten Nationen. (1) Selbst in die entlegensten Regionen wie in die Antarktis oder in die Tiefsee haben wir Menschen schon unsere Spuren der Verschmutzung getragen. Diese Spuren sind nicht so leicht auszuradieren. Viele Schadstoffe, die wir den Meeren zusetzen, bleiben dort auch auf Dauer. Sie bauen sich nicht oder nur sehr langsam ab, reichern sich in der Nahrungskette an und landen somit auch wieder auf unseren Tellern – eine Suppe, die wir uns selbst eingebrockt haben.

Die drei Hauptformen von Meeresverschmutzung sind:

◻ umweltschädigende Chemikalien ,
◻ Nährstoffverschmutzungen durch Nitrat und Phosphor,
◻ Kunststoffe / Plastik.

Diese Stoffe gelangen entweder direkt ins Meer – durch Einleitungen an den Küsten, die Seeschifffahrt, Fischerei und die Offshore-Industrie von Öl und Gas – oder auf indirekten Wegen, über Flüsse und die Atmosphäre. Einige Großstädte und Megacitys leiten ihre Abwässer nahezu unbehandelt ins Meer, auch in Industrienationen.

Die Verschmutzungsquellen können klein und verteilt sein, wie Haushalte, kleine Industrieanlagen und die Landwirtschaft (vgl. S. 60 ff.). Aus diesen Quellen gelangen Schadstoffe, die in Körperpflegemitteln, Arzneimitteln, Bioziden oder Pflanzenschutzmitteln stecken, über Kläranlagen und Regenabflüsse ins Meer. Große, punktuelle Quellen sind vor allem große Industrieanlagen. Aus ihnen gelangen zum Beispiel Schwermetalle und langlebige, organische Schadstoffe ins Meer. Auch Unfälle, wie in der Offshore-Öl- und -Gas-Industrie oder an küstennahen Kernkraftwerken, können punktuell große Mengen an Schadstoffen in die Meere freisetzen. Zudem lagern gefährliche Chemikalien schon seit Jahrzehnten – als es noch weniger Einleitungskriterien für die Industrie gab – im Boden von Flüssen und Meeren. Wenn der Boden aufgewühlt wird, lösen sich diese Altlasten wieder im Wasser und können weiterhin gefährlich sein. Ein solches Aufwirbeln kann durch Offshore-Arbeiten oder Grundfischerei passieren oder insbesondere in Flüssen auch durch starke Regenereignisse, die im Zuge der Klimakrise immer häufiger vorkommen.

Am Meeresboden liegen noch weitere gefährliche Altlasten: Munition in Form von chemischen Kampfstoffen und konventioneller Munition. Das Bild von tickenden Zeitbomben passt hier traurigerweise gut, denn die Munition rostet mit der Zeit durch und setzt dabei giftige Schadstoffe frei.

Gekommen, um zu bleiben

Chemikalien, die für die Umwelt besonders problematisch sind, erfüllen die drei sogenannten PBT-Kriterien: Sie sind persistent (langlebig), bioakkumulierend (reichern sich in Lebewesen und dem Nahrungsnetz an) und toxisch (giftig). Zu ihnen gehören einige per- und polyfluorierte alkylierte Substanzen (PFAS) (vgl. S. 54 ff.). Sie sind in Industrie- und Konsumgütern weit verbreitet, zum Beispiel als Oberflächenschicht von wasserfester und schmutzabweisender Kleidung (vgl. S. 48 ff.). Einmal freigesetzt, verteilen sie sich aufgrund auf ihrer Langlebigkeit über den gesamten Globus. Meeresströmungen transportieren langlebige Chemikalien auch in abgelegene Regionen wie die Antarktis. (2)

Extrem langlebig und ein großes Problem für die Meeresumwelt sind bekanntermaßen auch Kunststoffe. Etwa 450 Jahre soll es dauern, bis eine Plastikflasche im Ozean so weit zerfallen ist, dass man sie mit dem bloßen Auge nicht mehr sehen kann. Durch die Meeresströmungen und Winde geformt, gibt es inzwischen fünf riesige Müllstrudel auf den Weltmeeren. Der an der Oberfläche schwimmende Müll ist nur die Spitze des Eisbergs: Etwa 70 Prozent des Mülls liegen auf dem Meeresgrund. Selbst am tiefsten Punkt der Erde, 11.000 Meter tief im Marianengraben, fand ein Unterwasserforscher bereits eine Plastiktüte – ein weiteres trauriges Zeugnis für die Tragweite unserer Verschmutzung in jedem Winkel des Planeten.

Die Menge an Plastik, die weiterhin in die Meere eingetragen wird, ist enorm: Pro Minute entspricht sie etwa einem ganzen Mülltransporter voll. Das sind am Ende eines Jahres dann acht Millionen Tonnen Plastik mehr in den Weltmeeren. Plastik gelangt in allen Größen in die Meere. Mit einem Durchmesser von fünf Millimeter oder weniger gelten Kunststoffteilchen nach gängiger Definition als Mikroplastik. Dazu gehören:

□ Kunststoffteile, die bereits in diesem Größenbereich hergestellt wurden, wie Mikroperlen in Körperpflegeprodukten,

□ Teile größerer Kunststoffe, die durch natürliche Prozesse wie Wellen, Abrieb und Abbau im Sonnenlicht erst im Meer in kleinere Stücke zerfallen,

□ Teile aus landbasierten Quellen wie Reifenabrieb oder Fasern aus synthetischer Kleidung, die sich in der Waschmaschine lösen und in die Abwassersysteme gelangen.

Dramatische Folgen für die Meerestiere

Die Verschmutzung, die wir den Meeren antun, ist die viertstärkste Ursache für das marine Artensterben, so der Weltbiodiversitätsrat IPBES (Intergovernmental Science-Policy Platform on Biodiversity and Ecosystem Services). (3) Chemikalien können sich nicht nur im Meerwasser selbst und im Boden, sondern auch in den Lebewesen anreichern. Tiere, die im marinen Nahrungsnetz weit oben stehen, sind diesen bioakkumulierenden Schadstoffen besonders ausgesetzt. Wenn es sich zudem um schwer abbaubare Substanzen handelt, kann dies zu erheblichen Missbildungen, Verhaltens-, Wachstums- und Entwicklungsstörungen führen. Einige PFAS schädigen zum Beispiel die Fortpflanzung, fördern das Wachstum von Tumoren und beeinflussen das Hormonsystem.

Plastik belastet Meerestiere auf unterschiedliche Weise. Werden größere Teile versehentlich als Nahrung aufgenommen, blockieren sie die Mägen der Tiere und

können dazu führen, dass sie verhungern. Zurückgelassene Fischereinetze, sogenannte Geisternetze, werden zur tödlichen Falle für im Meer schwimmende Tiere
oder für Meeresvögel, die Netzbestandteile in ihre Nester einbauen und sich daran
strangulieren.

Auch Mikroplastik ist eine Gefahr. Da es nur millimetergroß ist, wird es von Tieren
durch passives Filtrieren (wie bei Bartenwalen) oder bei der aktiven Nahrungssu-
che aufgenommen. Da Mikroplastikpartikel die Neigung haben, Chemikalien vom
umgebenden Meerwasser anzuziehen und auf ihren Oberflächen zu konzentrieren,
kann Mikroplastik auch erheblich mit chemischen Zusätzen und Verunreinigungen
belastet sein. Denen sind die Meerestiere zusätzlich ausgesetzt, wenn sie die Partikel aufnehmen. Zu den möglichen Folgen gehören innere Entzündungen, Auswirkungen auf die Wachstumsraten sowie Veränderungen im Ernährungsverhalten
und in der Leistungsfähigkeit. Über das Nahrungsnetz landet das Plastik auch
irgendwann wieder auf unseren Tellern. Bis zu 11.000 Mikroplastikpartikel nehmen
Europäer(innen) bei durchschnittlichem Fischverzehr pro Jahr mit der Nahrung auf.
Wie viel davon im Körper bleibt und wie die Auswirkungen auf die menschliche
Gesundheit sind, ist bisher nicht hinreichend untersucht. (4)

> **Oft werden Stoffe erst verboten oder reguliert, wenn es schon zu spät ist und sie sich bereits in der Umwelt angereichert haben. Hier gilt es, nach dem Vorsorgeprinzip zu handeln.**

Ein Überangebot der Nährstoffe Nitrat und Phosphor, die vor allem aus der Landwirtschaft kommen, sind ein weiteres Problem für die Meere. Die Überdüngung
führt zu übermäßigem Algenwachstum, was anderen Organismen die Lebensgrund-
lage entzieht. Das Ökosystem mit seiner Zusammensetzung an Arten gerät so aus
dem Gleichgewicht. Es kann darüber hinaus zur Vermehrung giftiger Algenarten

kommen, die auch Menschen vergiften können – daher müssen in Deutschland vor allem an der Ostsee immer wieder Badestrände gesperrt werden. Zudem hat auch das Absterben der großen Algenmengen Folgen: Bei ihrer Zersetzung wird Sauerstoff verbraucht, wodurch im Meer sauerstoffarme oder sauerstofffreie Todeszonen entstehen. Auch das führt zum Abwandern oder Sterben von Arten.

Umsetzungsdefizite konsequent angehen

Zuerst die gute Nachricht: weltweite Verbote von Schadstoffen, strengere Grenzwerte und moderne Technik zeigen Wirkung und helfen dabei, die Einträge und gemessenen Konzentrationen von Schadstoffen zu verringern. Doch oft werden Stoffe erst verboten beziehungsweise reguliert, wenn es schon zu spät ist und sie sich bereits in der Umwelt angereichert haben. Hier gilt es nach dem Vorsorgeprinzip zu handeln: Solange nicht klar ist, wie umweltschädlich Stoffe sind, sollten sie nicht zugelassen werden.

Schauen wir uns speziell die deutschen Meere an, ist erst einmal festzustellen, dass sie in keinem guten ökologischen Zustand sind und Verschmutzungen durch den Menschen wesentlich zu diesem Zustand beitragen. Um insgesamt einen guten Umweltzustand zu erreichen, gibt es die Meeresstrategie-Rahmenrichtlinie der Europäischen Union. Sie verpflichtet die Mitgliedsstaaten, die Belastung ihrer Meeresgebiete zu überwachen und verbessernde Maßnahmen festzulegen. So hat auch Deutschland Maßnahmen gegen Verschmutzungen durch Chemikalien und Kunststoffe festgelegt. Hier besteht allerdings ein klares Umsetzungsdefizit.

Maßnahmen zur Verminderung von einigen landwärts eingetragenen Schad- und Nährstoffen wie Pestiziden und Düngemitteln aus der Landwirtschaft in die Meere werden an die EU-Wasserrahmenrichtlinie (WRRL) delegiert. Auch hier gibt es theoretisch eindämmende Maßnahmen, aber praktisch keine konsequente Umsetzung. Nähr- und Schadstoffe können weiterhin in zu großen Mengen in die Meere fließen.

Um weitere Verschmutzungen der Meere aufzuhalten, brauchen wir bessere Gesetze und stärkere Umsetzungen. Es darf nicht sein, dass wir den Meeren weiterhin bekannte

Schadstoffe sehenden Auges zumuten und Stoffe einsetzen, deren Auswirkungen auf die Umwelt nicht hinreichend bekannt sind. Auch auf individueller Ebene können und müssen wir durch Veränderungen unseres Verbrauchsverhaltens dazu beitragen, unsere Meere weniger zu belasten. Die Verschmutzungskrise ist schließlich nicht die einzige, die sie auszuhalten haben. _____

Literatur

(1), (3) maribus gGmbH (Hrsg.) (2021): World Ocean Review 7: Lebensgarant Ozean – nachhaltig nutzen, wirksam schützen. Hamburg.
(2) Greenpeace e. V. (2018): Ergebnisbericht: Mikroplastik und Chemikalien in der Antarktis.
(4) Esther Gonstalla (2017): Das Ozeanbuch. Über die Bedrohung der Meere. München,

Wann stimmt bei Ihnen die Chemie?

Bei mir stimmt die Chemie nicht, wenn ätzende (Umwelt-)Probleme verwässert werden – gibst du Wasser in die Säure, geschieht das Ungeheure!

Zur Autorin

Franziska Saalmann ist Meeresbiologin. Seit 2022 ist sie als Campaignerin bei Greenpeace tätig, zuvor arbeitete sie im behördlichen Meeresschutz.

Kontakt

Franziska Saalmann
Greenpeace Deutschland
E-Mail Franziska.saalmann@greenpeace.de

REAKTIONSSCHEMATA

Wie Klima- und Artenschutz ist auch Chemikalienmanagement längst eine weltweite Angelegenheit. Obwohl es internationale Politikansätze und Gremien dafür gibt, hakt es zu oft beim Transfer von wissenschaftlichen Erkenntnissen über Risiken in die politische Arena. Das hat Folgen für die Regulierung von Chemikalien. – Brauchen wir einen Weltchemikalienrat? Welche Rolle spielt Deutschland bei der Weltchemikalienkonferenz? Gibt es Auswege aus der Sackgasse der Linearität?

Weltrat für Chemikalien und Abfälle

Geballtes Wissen für die Politik

International läuft nicht alles rund beim Management von Chemikalien. Und auch bei der Kommunikation zwischen Wissenschaft und Politik über die Gefährlichkeit von Stoffen hakt es. Ein Weltchemikalienrat könnte diese Lücken verringern.

Von Andreas Schäffer und Leonie Mueller

──────Was würden Sie auf die Frage antworten, welche globalen Probleme unsere Umwelt und uns Menschen am stärksten bedrohen, abgesehen von aktuellen Epidemien und kriegerischen Auseinandersetzungen? Klimawandel und Biodiversitätsverlust sind vermutlich häufige Antworten auf diese Frage. Beide stellen globale Krisen mit dramatischen und langfristigen Konsequenzen für unsere Erde dar. Aus diesem Grund werden sie vom Weltklimarat IPCC und vom Weltbiodiversitätsrat IPBES kontinuierlich beobachtet und bewertet, um politische Entscheidungsträger(innen) mit aktuellen wissenschaftlichen Erkenntnissen und davon abgeleiteten Lösungsvorschlägen zu beraten. Neben diesen beiden globalen Problemen gibt es aber noch ein weiteres, in der öffentlichen Wahrnehmung häufig vernachlässigtes Problem: die globale Chemikalienbelastung und damit einhergehende Schäden für Umwelt und die menschliche Gesundheit. (1)

Chemikalien spielen in der modernen Gesellschaft eine wichtige Rolle und sind aus unserem Leben schwer wegzudenken. Wir benutzen sie in Form von Medikamenten, Wasch- und Körperpflegemitteln, Farben und Lacken, zur Düngung und zum Schutz unserer Lebensmittel. Die Umweltverschmutzung, die dadurch entsteht, dass viele dieser mitunter gefährlichen Substanzen bewusst oder unbeabsichtigt in die Umwelt gelangen, stellt eine Bedrohung für uns Menschen und die Ökosysteme dar. Beispiele für schädliche Chemikalieneffekte sind deren Beiträge zum Abbau der Ozonschicht (2), verstärkende Effekte beim Klimawandel (3), menschliche Todesfälle (4) und der Beitrag zum Verlust der Biodiversität. (5) Es muss deshalb das Ziel sein, die Emission von Chemikalien generell und insbesondere von bekannten Gefahrenstoffen auf ein Minimum zu reduzieren, um weitere Schäden abzuwenden. Das kann durch die Anwendung unterschiedlicher Strategien ermöglicht werden, zum Beispiel durch bessere Methoden der Überwachung von Chemikalien in der Umwelt, oder durch die Produktion von gut abbaubaren und weniger toxischen Substanzen. Außerdem gibt es Vorschläge, die Menge an produzierten Chemikalien und die Vielzahl der Produkte insgesamt zu beschränken. (6)

Das Umweltprogramm der Vereinten Nationen (UNEP) stellte im „Global Chemicals Outlook" erhebliche Defizite bei der Bewertung und dem Management von Risiken von Chemikalien und Abfällen fest. (7) Dies führte zu Forderungen nach mehr Austausch zwischen Wissenschaft und Politik zur Stärkung wissenschaftsbasierter Verfahren beim Monitoring, bei der Prioritätensetzung und in der Lebenszyklusbetrachtung von Chemikalien und Abfällen. In einem Science-Artikel ging 2021 ein internationales Autor(inn)enteam der Frage nach, welche Erfahrungen man mit Formaten der internationalen Kommunikation zwischen Wissenschaft und Politik zu Chemikalien gesammelt hat, worin die Lücken im Wesentlichen bestehen und wie sich diese überwinden lassen. (8)

Erfahrungen im Austausch zwischen Wissenschaft und Politik

Wir können auf eine lange Geschichte der Chemikalienpolitik zurückblicken. Viele der Aktivitäten wurden durch multilaterale Umweltabkommen initiiert und international abgestimmt, zum Beispiel durch das Wiener Übereinkommen zum Schutze der Ozonschicht von 1985 mit dem assoziierten Montreal-Protokoll, mit dem der Einsatz von Stoffen, die zu einem Abbau der Ozonschicht führen, völkerrechtlich verbindlich geregelt wird. Weitere internationale Gremien sind das Basler Übereinkommen über die Kontrolle der Verbringung gefährlicher Abfälle und ihrer Entsorgung und das Stockholmer Übereinkommen, das sich mit Problemen persistenter, das heißt lang in der Umwelt verbleibender organischer Schadstoffe befasst. Übergreifend werden Arbeitsprogramme durch internationale Organisationen wie die UNEP, die Weltgesundheitsorganisation (WHO) oder Ernährungs- und Landwirtschaftsorganisation der Vereinten Nationen (FAO) mit unterschiedlichen Schwerpunkten initiiert und koordiniert (vgl. S. 14 ff. und S. 26 ff).

,, Neue absehbare Risiken werden zu spät erkannt, da viele der existierenden Gremien die dynamische wissenschaftliche Entwicklung nicht zeitnah verfolgen können. ''

Voraussetzung für die Effektivität der genannten Organisationen ist ein kontinuierlicher Austausch zwischen Wissenschaft und Politik. Ein Beispiel für die erfolgreiche Umsetzung ist der vor circa 40 Jahren von Wissenschaftler(inne)n erbrachte Nachweis eines Zusammenhangs von Chemikalien, den Fluorkohlenwasserstoffen, und der Bedrohung der Ozonschicht. Dies führte innerhalb weniger Jahre zur Verabschiedung des Montreal-Vertrags, der einen zügigen Ausstieg für Ozon zersetzende Chemikalien vorsah. Dieser Erfolg hat dazu geführt, dass viele der heute existierenden multilateralen Abkommen oder Arbeitsprogramme internationaler Organisationen spezielle wissenschaftliche Beratungsformate zur Unterstützung ihrer Arbeit geschaffen haben.

Die Autor(inn)en des *Science*-Artikels haben drei wesentliche Lücken in der Interaktion zwischen Wissenschaft und Politik identifiziert. (9) Erstens liegen von der Vielzahl von Chemikalien auf dem Markt – geschätzt circa 350.000 mit der Aussicht auf weitere Zunahme – bisher nur für einen Bruchteil die wichtigsten Umweltdaten vor. Hinzu kommt, dass in manchen Fällen bewusst bewertungsrelevante Informationen nicht an die regulierenden Behörden weitergeleitet werden, wie zum

Beispiel im Fall des Herbizids Glyphosat, das offenbar die Entwicklung von jungen Säugetieren in Konzentrationen beeinträchtigt, die bisher als unproblematisch bewertet wurden. (10) Die bestehenden internationalen Organisationen sind durch ihre Fokussierung auf bestimmte Chemikaliengruppen in ihren Handlungsspielräumen eingeschränkt, woraus eine Fragmentierung in der Beurteilung und den Anforderungen an das Management von Stoffen resultiert.

Die zweite identifizierte Lücke ist die fehlende Frühwarnung vor neuartigen Schadstoffen ("emerging pollutants"), Substanzen, für die erst kürzlich der Nachweis über ihre schädliche Wirkung erbracht wurde (z. B. Metalle der Seltenen Erden, UV-Sonnenschutzchemikalien und in Mobiltelefonen eingesetzte Flüssigkristallmonomere mit toxischen Inhaltsstoffen). Neue absehbare Risiken werden von Entscheidungsträger(inne)n zu spät erkannt, da viele der existierenden Gremien die dynamische wissenschaftliche Entwicklung nicht zeitnah verfolgen können.

Die wenig ausgeprägte wechselseitige Kommunikation zwischen Politik und Wissenschaft ist die dritte Lücke im Umgang mit Chemikalien und Abfällen. Während neue wissenschaftliche Erkenntnisse in Form von Veröffentlichungen von politischen Entscheidungsträgern rasch wahrgenommen werden können, ist die Kommunikation von wissenschaftsrelevanten Fragen und Entscheidungen der Politik zurück an die wissenschaftliche Gemeinschaft zu langsam und schlichtweg unzureichend. Auch sind die Möglichkeiten der Partizipation von Wissenschaft in diesen Gremien begrenzt. Die Kommunikation zwischen Wissenschaft und Politik ist demnach unausgeglichen und muss verbessert werden.

Nächste Schritte

Ein Teil der Hindernisse auf dem Weg zu einer proaktiven Kommunikation zwischen Politik und Wissenschaft könnte von den bereits existierenden multilateralen Institutionen aus dem Weg geräumt werden. Der Aufwand hierfür wäre allerdings erheblich und auch eine thematische Erweiterung der Zuständigkeit der jeweiligen Gremien und Übereinkommen, um die Chemikalienvielfalt besser in multilateralen Abkommen abzubilden, ist nur schwer zu realisieren.

Deshalb wurde die Idee eines Internationalen Wissenschaftsrates entwickelt, der sich spezifisch mit Umweltproblemen von Chemikalien und Abfällen befasst, analog zu den existierenden Vorbildern des IPCC und IPBES. Dieses neue Gremium hätte das Mandat für die unabhängige Beratung von Politik und Wissenschaft im Umgang mit allen Chemikalien und allen Arten von Abfällen unter globaler Einbindung von wissenschaftlichen Expert(inn)en. In der Konstitution eines solchen internationalen Wissenschaftsrates müssen das Mandat, die Besetzung, die Rollen und die Regeln zur Vermeidung von Interessenkonflikten klar definiert werden, in Analogie zu den Grundsätzen von IPCC und IPBES. Es ist entscheidend, hierfür verlässliche und transparente Prozesse zu etablieren, um die Relevanz der Kommunikation und die Qualität und Glaubwürdigkeit der wissenschaftlichen Empfehlungen zu gewährleisten. Die Hoffnung besteht, dass bidirektionale Kommunikation zwischen Politik und Wissenschaft durch eine attraktive und damit verbreiterte und diverse Beteiligung von Wissenschaft frühzeitigere und bessere Politikberatung leisten kann.

Zusammenfassend sehen wir in der Einrichtung eines Weltrats für Chemikalien und Abfälle einen Weg, die beschriebenen Lücken im Management zu verringern und die Umwelt vor schädlichen Auswirkungen besser zu schützen. Es ist sehr zu begrüßen, dass auf der letzten Umweltkonferenz der Vereinten Nationen im März 2022 in Nairobi die Resolution zur Einrichtung des neuen Weltwissenschaftsrats befürwortet wurde und bereits jetzt die Offene Arbeitsgruppe („Open Ended Working Group") mit Expert(inn)en aus mehreren Mitgliedsstaaten der Vereinten Nationen berät, wie dies bis voraussichtlich Ende 2024 realisiert werden kann. ———

Literatur

(1) Steffen, W. et al. (2015): Planetary boundaries: Guiding human development on a changing planet. In: Science 347, S. 6223.
(2) Hegglin, M. (2018): Evidence of illegal emissions of ozone-depleting chemicals. In: Nature 557, S. 317-318.
(3) Ravishankara, A. R. et al. (2015): Role of Chemistry in Earth's Climate. In: Chemical Reviews 115, S. 3679-3681.
(4) Fuller, R. et al. (2022): Pollution and health: a progress update. In: The Lancet 6, S. e535-e547.
(5) Sigmund, G. et al. (2022): Broaden chemicals scope in biodiversity targets. In: Science 376, S. 1280.
(6) Persson, L. et al. (2022): Outside the Safe Operating Space of the Planetary Boundary for Novel Entities. In: Environmental Science & Technology 56, S. 1510-1521.

(7) United Nations Environment Programm (2019): Global Chemicals Outlook II: From Legacies to Innovative Solutions: Implementing the 2030 Agenda for Sustainable Development.
(8) Wang, Z. et al. (2020): Toward a Global Understanding of Chemical Pollution: A First Comprehensive Analysis of National and Regional Chemical Inventories. In: Environmental Science & Technology 54, S. 2575-2584.
(9) Wang Z. et al. (2021): We need a global science-policy body on chemicals and waste: Major gaps in current efforts limit policy responses. In: Science 371, 774-776.
(10) Mie, A. / Rudén, C. (2022): What you don't know can still hurt you – underreporting in EU pesticide regulation. In: Environmental Health 21, S. 79.

Wann stimmt bei Ihnen die Chemie?

a) Sie stimmt jedenfalls nicht, wenn die Bindungen zu fest werden, so wie in persistenten polyfluorierten Chemikalien.

Zu den Autor(inn)en:

a) Andreas Schaeffer ist Chemiker und seit 1997 Professor für Umweltbiologie und Chemodynamik an der RWTH Aachen. Als Experte für die Umweltrisikobewertung von Chemikalien ist er in nationalen und internationalen Gremien tätig.

b) Leonie Mueller ist Ökotoxikologin und arbeitet seit 2021 am Institut für Umweltforschung an der RWTH Aachen. Ihre Themenschwerpunkte sind die Einflüsse der Bewertung von Industriechemikalien auf die aquatische Umwelt.

Kontakt

Prof. Dr. Andreas Schaeffer
Dr. Leonie Mueller
RWTH Aachen University
E-Mail andreas.schaeffer@bio5.rwth-aachen.de
leonie.nuesser@rwth-aachen.de

Internationales Chemikalienmanagement

„Wir sollten schnell ins Handeln kommen"

Um die Sicherheit im globalen Handel mit Chemikalien und chemischen Produkten zu gewährleisten, wurde 2006 der Strategische Ansatz zum Internationalen Chemikalienmanagement (SAICM) ins Leben gerufen. Ein Gespräch über Stärken und Schwächen des Multi-Stakeholder-Prozesses mit der Parlamentarischen Staatssekretärin im Bundesumweltministerium Bettina Hoffmann.

Was ist die wichtigste Funktion des SAICM?
Längst nicht alle Staaten können einen für Umwelt und Gesundheit sicheren Umgang mit Chemikalien gewährleisten. Das zu ändern, ist die wichtigste Funktion von SAICM (vgl. S. 15). Chemikalien sind Fluch und Segen zugleich, sie sind in vielen Bereichen ganz wichtig für unsere Gesundheit, sind aber in Teilen auch sehr gefährlich für unsere Umwelt. Trotz der großen Verantwortung, die damit einhergeht, wird das Ausmaß der Wirkung von Chemikalien und chemischen Produkten noch immer unterschätzt, in Deutschland und Europa ebenso wie weltweit. Dabei hat die Krise der Umweltverschmutzung eigentlich die gleiche Dringlichkeit wie die Klimakrise und das massenhafte Artensterben. SAICM spielt daher eine ganz wichtige Rolle, um das Bewusstsein dafür zu schärfen und die Ziele der „Agenda 2030 für nachhaltige Entwicklung" der Vereinten Nationen zu erreichen. Auch wenn es eine freiwillige Plattform ist, hat sie doch eine politische Bindungswirkung, so wie zum Beispiel die Agenda 2030. Inhaltlich schließt SAICM die trotz der internationalen Chemikalien- und Abfallabkommen verbleibenden, zahlreichen Regelungslücken.

Was hat der SAICM-Prozess bislang noch nicht erreicht?

Obwohl das Thema Chemikaliensicherheit schon seit 20 Jahren auf der politischen Agenda steht, ist es leider noch nicht so richtig ins öffentliche Bewusstsein gedrungen, wie dringend ein sicherer und nachhaltiger Umgang mit Chemikalien ist. Es mag an der Freiwilligkeit von SAICM liegen, dass ihm politisch bislang zu wenig Priorität eingeräumt wurde. Auch wurden wissenschaftliche Erkenntnisse – von einigen Spezialthemen mal abgesehen – nicht ausreichend von der Wirtschaft und ihren Verbänden aufgegriffen. Und schließlich ist das Thema auch in den zivilgesellschaftlichen Gruppen noch zu wenig präsent. Das muss sich ändern.

Insgesamt hat das Thema Chemikalienmanagement noch nicht den Stellenwert, den es bräuchte. In Europa sind wir zwar schon ganz gut unterwegs mit der ambitionierten EU-Strategie zur giftfreien Umwelt. Ähnliche Regeln brauchen wir aber auch international. Denn in vielen Staaten dieser Welt gibt es noch gar keine Regeln für den sicheren Umgang mit Chemikalien.

Brauchen wir einen Weltchemikalienrat, der – ähnlich wie der Weltklimarat IPCC oder der Weltbiodiversitätsrat IPBES – dafür sorgt, dass wissenschaftliche Erkenntnisse leichter ihren Weg in die Politik finden, und durch seine Veröffentlichungen regelmäßig Kommunikationsanlässe schafft?

Ja, wir brauchen so einen Weltchemikalienrat. Erstens, um die Bedeutung des Themas klar zu machen, und zweitens, um alle Stakeholder mit einzubeziehen. Das ist eine wichtige Voraussetzung, um schließlich international zu verbindlichen Regelungen zu kommen, die auch mess- und damit überprüfbar werden.

Wie muss es weitergehen im SAICM-Prozess, damit wir zu diesen international verbindlichen Regeln kommen?

Im Grunde bräuchten wir so ein Momentum, in dem wir auf internationaler Bühne laut und deutlich sagen: „Wir sind uns der Gefahr bewusst und wir gehen das jetzt genauso engagiert an wie die Klima- und die Biodiversitätskrise." Dabei können und müssen wir vom Umgang mit den anderen Krisen lernen. Es hat viel zu lange gedauert, bis die Klimakrise wirklich ins öffentliche Bewusstsein gekommen ist. Bei der Chemikalienfrage haben wir keine Zeit mehr zu verlieren und müssen interna-

tional ganz große Anstrengungen machen, um voranzukommen. Ich setzte daher
große Hoffnung in die 5. Internationale Konferenz zum Chemikalienmanagement
[International Conference for Chemicals Management, ICCM 5], die im September
2023 unter deutscher Präsidentschaft in Bonn stattfindet. Das wird eine Weltchemikalienkonferenz, so ähnlich wie die Weltklimakonferenz, die wir im November
in Ägypten hatten, oder wie die gerade zu Ende gegangene Weltbiodiversitätskon-
ferenz in Montreal.

Was tut Deutschland dafür, damit ICCM 5 ein Erfolg wird?

Das Bundesumweltministerium ist international sehr aktiv in vorbereitenden Ge-
sprächen. Anita Breyer, unsere ICCM 5-Präsidentin, ist viel in der Welt unterwegs,
sie sucht das direkte persönliche Gespräch mit Entscheider(inne)n aus Politik und
Wirtschaft, um das Thema politisch nach vorne zu bringen. Allerdings ist es leider
so, dass bislang in rund 100 Ländern weder rechtliche Grundlagen geschaffen
wurden noch Institutionen existieren, die das Chemikalienmanagement substan-
ziell voranbringen könnten. Deshalb müssen wir diese Länder beim Aufbau der
nötigen Kapazitäten unterstützen. Unser Ziel ist, dass künftig in allen Ländern der
Welt zumindest grundlegende institutionelle Voraussetzungen für einen sicheren
Umgang mit Chemikalien geschaffen werden. Wenn das in Bonn auf der ICCM 5
als gemeinsames Ziel formuliert würde, wäre das ein entscheidender Schritt.

Wird es demnächst eine weltweit verbindliche Chemikalienkonvention geben?

Das kommt darauf an, wie die Verhandlungen nächstes Jahr in Bonn laufen. Wir
haben ja gerade wieder bei der Weltklimakonferenz in Ägypten gesehen, wie
schwierig es ist, sich auf gemeinsame Zielvereinbarungen oder Jahreszahlen zu
einigen. Wir sollten allerdings nicht zu lange damit warten und schnell ins Handeln kommen. Das gebietet schon die Verantwortung den nächsten Generationen
gegenüber. Viele Chemikalien sind bereits in der Umwelt, sie reichern sich an, sind
teilweise nicht abbaubar und gefährden unsere Gesundheit. Deshalb müssen wir
auch etwas dagegen tun.

*Was muss geschehen, damit die Unternehmen, die bislang sehr gutes Geld
mit der Herstellung und dem Vertrieb von umweltschädigenden Chemikalien
gemacht haben, mit in den Prozess der Beseitigung von Umweltschäden
einbezogen werden?*

Auch hier sehe ich zwei Aspekte. Zum einen müssen wir die Vorsorge stärken. Dafür sind strengere Regeln für das Inverkehrbringen von Produkten notwendig. In Europa haben wir gute Erfahrungen mit den REACH-Regelungen gemacht. Diese gilt es nun zügig und ambitioniert weiterzuentwickeln. Solche Regelungen lassen sich natürlich auch auf andere Länder oder sogar die globale Ebene übertragen, zumindest schrittweise. Je klarer die Regelungen sind und je klarer auch Restriktionen bei Verstößen sind, desto besser ist die Planungssicherheit für Unternehmen. Der zweite Aspekt betrifft mehr freiwilliges Engagement der Wirtschaft. Hoffnung macht die wachsende Zahl an Beispielen von Multi-Akteurs-Partnerschaften, die gesamte Lieferketten in den Blick nehmen, Problemfelder identifizieren und gemeinsam an innovativen Lösungen – auch in Bezug auf den Umgang mit Chemikalien – arbeiten. Ich denke zum Beispiel an das Textilbündnis oder die Global Battery Alliance. Diese und andere Initiativen können einen wichtigen Beitrag leisten und uns den gemeinsamen Zielen ein Stück näherbringen.

Das Gespräch führte Anke Oxenfarth.

**Wann stimmt bei
Ihnen die Chemie?**
Wenn ich an der frischen
Luft mal so richtig meinen
Kopf frei bekomme.

Zur Person
Bettina Hoffmann ist promovierte Biologin
und seit 2017 für Bündnis 90/Die Grünen im
Deutschen Bundestag. Seit 2021 ist sie Parlamentarische Staatssekretärin bei der Bundesministerin für Umwelt, Naturschutz, nukleare Sicherheit und Verbraucherschutz.

Kontakt
Dr. Bettina Hoffmann
Bundesministerium für Umwelt, Naturschutz,
nukleare Sicherheit und Verbraucherschutz
E-Mail buero.hoffmann@bmuv.bund.de

Chemische Produktion als Kreislaufwirtschaft

Wege aus der Sackgasse der Linearität

In der Chemiebranche macht sich mittlerweile die Erkenntnis breit, dass sie zukünftig geschlossene Stoffkreisläufe brauchen wird, wenn sie weiter Gewinne machen will. Doch der Weg dahin ist noch ziemlich weit. Deshalb wird es ohne langfristig angelegte und klare gesetzgeberische Vorgaben nicht gehen.

Von Henning Wilts

——————Auf die Herstellung chemischer Grundstoffe entfallen in Deutschland etwa 37 Millionen Tonnen CO_2-Equivalente, das sind rund 19 Prozent der Treibhausgasemissionen der deutschen Industrie. (1) Völlig unbestritten sind die dort produzierten Stoffe von zentraler Bedeutung für weite Bereiche unseres Lebens, auch die allermeisten Umwelttechnologien wären ohne chemische Erzeugnisse kaum darstellbar. Und trotzdem ist die Chemiebranche von einer linearen Struktur des Produzierens und Nutzens geprägt, die mit den Zielen einer ressourcenleichten und klimaneutralen Kreislaufwirtschaft kaum in Einklang zu bringen ist: Der Verband der chemischen Industrie (VCI) selbst konstatiert, dass die Fokussierung auf fossile Rohstoffe wie Erdöl und Erdgas so keine Zukunft haben kann. Notwendig ist zum einen die Umstellung auf nicht fossile Rohstoffe, zum anderen aber auch eine fundamentale Veränderung der Geschäftsmodelle. Denn die chemische Industrie von heute maximiert Umsatz und Gewinn durch eine kontinuierliche Steigerung der auf den Markt gebrachten Mengen. Die Frage der Recyclingfähigkeit nach der Nutzungsphase spielt für die allermeisten Unternehmen der Chemiebranche praktisch keine Rolle; entsprechende Rücknahmesysteme existieren kaum, innovativere Konzepte wie das Chemikalienleasing kommen seit Jahren kaum über ein Nischendasein hinaus.

Die chemische Industrie hat sich – wie andere Grundstoffindustrie auch – aufgrund ihrer Positionierung ganz vorne in der Wertschöpfungskette bislang kaum mit Konzepten der Kreislaufwirtschaft („Circular Economy") beschäftigt. Die gesetzlich fixierten Ziele zur Klimaneutralität auf der einen Seite, insbesondere aber die intensive öffentliche Diskussion über die lineare Nutzung von Kunststoffen als einem Schlüsselprodukt der Chemiebranche haben jedoch viele Unternehmen und Verbände dazu gebracht, sich intensiver mit der Thematik zu beschäftigen. Auch wenn die Chancen geschlossener Stoffkreisläufe in Zeiten explodierender Energie- und Gaspreise von immer mehr Unternehmen erkannt werden, zeichnet sich die Chemiebranche doch durch ein hohes Beharrungsvermögen aus. So sind beispielsweise die mit großem Aufwand und intensiver medialer Begleitung vereinbarten Selbstverpflichtungen zur Nutzung von Kunststoffen bei genauerer Betrachtung entweder erschreckend wenig ambitioniert – nach Berechnungen der Beratungsfirma Systemiq führen sie etwa im Kunststoffverpackungsbereich zu einer Reduktion von gerade mal sieben Prozent bis zum Jahr 2040, während gleichzeitig ein Anstieg der Mengen um 148 Prozent erwartet wird (2) – oder sie drohen die gesetzten Ziele wie bei der „Alliance to End Plastic Waste" nach Einschätzung von NGOs dramatisch zu verfehlen.

Kreislaufwirtschaft als Transformationsherausforderung

Vor diesem Hintergrund ergibt sich die notwendige Transformation zur Kreislaufwirtschaft also als zentral politische Gestaltungsaufgabe, die ohne klare gesetzgeberische Vorgaben vor allem nicht in der notwendigen Geschwindigkeit stattfinden würde. Die Chemiebranche selber steckt in einem Dilemma: Sie ist sich der Endlichkeit ihres derzeitigen Geschäftsmodells zunehmend bewusst, aber aktuell zeigt es sich noch als so hoch profitabel, dass eine Neuausrichtung auf zirkuläre Wertschöpfung auch den eigenen Shareholdern gegenüber nur schwer vermittelbar wäre. Diese Perspektive mag kurzsichtig sein, sie ist aber trotzdem nachvollziehbar. Die Transformation zur Kreislaufwirtschaft wird Milliardeninvestitionen erfordern und sollte daher aus Effizienzgründen in die langfristigen Investitionsplanungen der Unternehmen integriert werden. Dafür notwendig wären aber klare politische Vorgaben, wohin sich die Branche langfristig entwickeln soll und welche umweltpolitischen Ziele dann erreicht werden sollen. Langfristig in diesem Zusammenhang würde deutlich eher 2050 als 2030 bedeuten, da entsprechende Investitionen in Prozesse, Anlagen und Technologien tatsächlich auf Jahrzehnte hin geplant werden.

Die entsprechenden politischen Impulse dazu kommen aktuell insbesondere von der Europäischen Kommission, für die das Thema Kreislaufwirtschaft tatsächlich zu den strategischen Prioritäten im Rahmen ihres „Green Deals" gehört. Aus Sicht der Kommission ist die Frage einer funktionierenden Kreislaufwirtschaft nicht nur aus umwelt- und klimapolitischer Sicht relevant. Sie agiert aus der klaren Überzeugung heraus, dass Europa als Industriestandort in Zukunft im globalen Wettbewerb nur dann eine Chance haben wird, wenn in geschlossenen Stoffkreisläufen gedacht wird – zum einen weil Europa ein für viele Schlüsseltechnologien rohstoffarmer Kontinent ist und damit abhängig von Rohstoffimporten, zum anderen weil das vergleichsweise simple Modell des Produzierens-Nutzens-Entsorgens sehr bald in anderen Teilen der Welt kopiert und kostengünstiger umgesetzt werden könnte. Der extrem ambitionierte europäische Aktionsplan Kreislaufwirtschaft entspricht demnach auch dem Untertitel des Aktionsplans: „für ein saubereres und wettbewerbsfähigeres Europa". Die Kunststoffbranche als einer der zentralen Anwendungsbereiche der chemischen Industrie wird dort als eine der sieben Schlüssel-Wertschöpfungsketten benannt, auf die sich die vielfältigen Umsetzungsaktivitäten fokussieren.

Ansätze für die zirkuläre Chemie

Es braucht also – auch von der Industrie zunehmend unbestritten – langfristige Leitplanken für die chemische Industrie, um diese zu zwingen, sich im ausreichenden Maße um ihr langfristiges Überleben zu kümmern. Auch aus der Perspektive des Umweltschutzes wäre niemanden geholfen, wenn die chemische Industrie bei-

> **Die Vermeidung von Kunststoffabfällen muss auch in Zukunft Priorität haben, technische Lösungen allein werden der Dimension der Herausforderung nicht gerecht werden.**

spielsweise nach China und Südostasien abwandern und sich damit zunehmend einer möglichen umweltpolitischen Regulierung entziehen würde. Es stellt sich damit aber natürlich die Frage, in welcher Detailtiefe die Politik in die chemische Industrie eingreifen sollte.

Sehr konkret wird diese Frage am Beispiel der Kunststoffverpackungen. Sie werden aktuell aus einer Vielzahl unterschiedlicher Kunststoffe hergestellt, die teilweise in hauchdünnen Folien verklebt werden: Der Deckel einer handelsüblichen Käseverpackung kann aus mehr als zehn unterschiedlichen Folien bestehen, sodass der Aufwand, diese für ein hochwertiges Recycling wieder zu trennen, höher sein kann als die Herstellung aus neuem Kunststoff. Selbst aus Perspektive des Klima- und Ressourcenschutzes gehören viele Kunststoffverpackungen also eher verbrannt. Analysen im Auftrag der Industrie beziffern den Anteil solcher schlicht nicht für das Recycling geeigneter Verpackungen auf immer noch zwanzig Prozent. (3) Eine Option wäre es daher, die Produktvielfalt per Gesetz auf solche Kunststoffsorten und -kombinationen zu begrenzen, die tatsächlich im Kreislauf geführt werden können. Damit wüssten die Recycling-Unternehmen auch deutlich besser, auf welche Abfälle sie sich in Zukunft einstellen müssten und könnten in entsprechende Technologien und Anlagen investieren.

In einigen Bereichen verfolgt die Europäische Kommission tatsächlich einen solchen Ansatz. So soll es beispielsweise im Rahmen der um Kreislaufwirtschaftsaspekte ergänzten Ökodesign-Richtlinie möglich sein, (analog zur klassischen Glühlampe) Produkte auf dem EU-Markt zu verbieten, die zu nicht recyclingfähigem Abfall führen. Auch das Verbot einzelner Einwegkunststoffprodukte mit besonders hohem Vermüllungspotenzial geht in eine solche Richtung.

Angesichts der oben beschriebenen notwendigen Langfristorientierung für die chemische Industrie stellt sich aber die Frage, welche zusätzlichen Rahmenbedingungen notwendig wären, damit man nicht nur die Symptome adressiert (wie z. B. das Verbot von Plastikstrohhalmen oder Plastiktüten, die jetzt häufig durch andere Einweg-Alternativen ersetzt werden), sondern Investitionen in eine Richtung lenkt, die Klimaneutralität und eine deutliche absolute Reduktion des Ressourcenverbrauchs ermöglichen würde. Mit Blick auf solche übergeordneten Ziele wird dann sehr schnell klar, dass Detailregulierungen wie Recyclingquoten für Verpackungsabfälle, die auf dem Output basieren, oder ökologisch nach der Recyclingfähigkeit differenzierte Lizenzentgelte für Verpackungen ihre tatsächliche Lenkungswirkung nur in Kombination mit einer klar formulierten Vision für die Zukunft entwickeln können. Andernfalls wird die Industrie viel Energie investieren, solche Detailregelungen zu umgehen oder zu unterlaufen, anstatt wirklich in die Zukunft zu investieren.

Systemische Perspektive im Blick behalten

Der Verband Plastics Europe hat sich dieser Frage gestellt und in Zusammenarbeit mit externen Expert(inn)en ein Konzept einer Kreislaufwirtschaft PLUS entwickelt, das von einem Bild des Ziels ausgehend versucht, eine Kombination von Ansätzen zu beschreiben, die für dessen Erreichung notwendig wären. (4) Ein Verband, dessen Mitglieder ihren Gewinn aus dem Verkauf primärer Kunststoffe erwirtschaften, positioniert sich also sehr klar dafür, dass es in Zukunft geschlossene Stoffkreisläufe brauchen wird. Eine solche Perspektive bietet auch einen Ausweg aus ideologischen Debatten um Themen wie das chemische Recycling: Nicht länger die Frage „Ist das gut oder schlecht?", sondern klare Anforderungen, welche Anforderungen erfüllt sein müssen, damit solche Technologien zu einem definierten Ziel beitragen. Wichtig ist dabei auch die notwendige systemische Perspektive: Die Vermeidung von Kunststoffabfällen muss dabei auch in Zukunft Priorität haben, technische Lösungen allein werden der Dimension der Herausforderung nicht gerecht werden. Das Aufkommen an Kunststoffverpackungsabfällen in Deutschland hat sich in den letzten zwanzig Jahren pro Kopf mehr als verdoppelt – eine solche Entwicklung kann nicht nachhaltig sein und wird sich auch nicht durch die technische Optimierung einzelner Verpackungen bewältigen lassen. ____

Anmerkungen

(1) www.klimaschutz-industrie.de/themen/grundstoffchemische-industrie/

(2) www.systemiq.earth/wp-content/uploads/2020/07/BreakingThePlasticWave_MainReport.pdf

(3) https://kunststoffverpackungen.de/wp-content/uploads/2022/02/GVM-Recyclingfaehige-Kunststoffverpackungen-2022-online.pdf

(4) https://plasticseurope.org/de/knowledge-hub/kreislaufwirtschaftplus-handlungsempfehlungen-fur-eine-nationale-kreislaufwirtschaftsstrategie/

Wann stimmt bei Ihnen die Chemie?

Ethanol, destilliert aus vergorener Getreidemaische, 18 Jahre im Eichenfass ...

Zum Autor

Henning Wilts ist Ökonom. Er leitet am Wuppertal Institut seit 2016 die Abteilung Kreislaufwirtschaft und forscht vor allem zu ökologisch sinnvoller und ökonomisch effizienter Vermeidung von Abfällen.

Kontakt

Dr. Henning Wilts
Wuppertal Institut für Klima,
Umwelt, Energie gGmbH
E-Mail henning.wilts@wupperinst.org

Nachhaltige Chemie

Für eine neue Ganzheitlichkeit

Die Transformation der chemischen Industrie hat längst begonnen. Aber anstatt wie bislang nur einzelne Symptome zu kurieren, muss grundsätzlicher gedacht und agiert werden. Nur so lässt sich gewährleisten, dass die Chemie als Wissenschaft und als Industrie Beiträge leistet, um die globalen Nachhaltigkeitsziele zu erreichen.

Von Klaus Kümmerer und Markus Große Ophoff

_____Die heutige Welt ist ohne Chemikalien und die vielfältigen Produkte, die aus ihnen in anderen Industriezweigen hergestellt werden, nicht mehr denkbar. Fast alle Produkte verzeichnen einen oder mehrere chemische Prozesse im Lebensweg ihrer Herstellung. An vielen Stellen können chemische Produkte – wie Solarzellen, Elektrogeräte, Korrosionsschutz oder Dämmstoffe – zur Nachhaltigkeit beitragen. Gleichzeitig ergeben sich aber auch zahlreiche Probleme durch Chemikalien und die daraus hergestellten Produkte. Daher wird schon länger über Kriterien für und Wege zu einer nachhaltigen Chemie nachgedacht.

Aber gibt es überhaupt nachhaltige Chemikalien? Ist der Kunststoff Polystyrol als Dämmstoff nachhaltig, da er zur Energieeinsparung beiträgt? Wie sind dabei die Zusatzstoffe im Dämmstoff beispielsweise für den Flammschutz zu beurteilen? Kann Polystyrol für Einwegverpackungen nachhaltig sein? Ist es vielleicht nachhaltig, wenn sie aus Recycling-Polystyrol hergestellt werden? Lässt sich beim Recycling sicherstellen, dass die gesundheitsschädlichen Flammschutzmittel aus Dämmstoffen nicht in Lebensmittelverpackungen gelangen?

Schnell wird klar: Es gibt keine per se nachhaltige Chemikalie. Es kommt vielmehr auf den Zweck oder die Funktion an, die diese Chemikalie erfüllen soll, und darauf, ob diese Anwendung überhaupt sinnvoll ist oder es eine nachhaltigere Alternative gibt. Es kommt ebenso auf die Rohstoffbasis an, wie viel Energie bei Herstellung und Nutzung verbraucht (oder eingespart) wird, wem die Ressource »weggenommen« wird, welche sozialen Auswirkungen ihre Nutzung hat oder wofür sie alternativ besser genutzt werden könnte, ob die Chemikalie oder das Produkt weiter genutzt oder nach der Nutzung wiederverwertet werden kann und ob schädliche Stoffe in die Umwelt abgegeben werden, um nur einige Kriterien zu nennen.

In der chemischen Industrie wird bereits intensiv über den Weg zur Nachhaltigkeit diskutiert. Im Vordergrund steht dabei derzeit eine neue Rohstoffbasis, die anstatt auf fossile Rohstoffe auf regenerative setzt und auf Kreislaufführung in Form von chemischem Recycling. Beide Ansatzpunkte sind wichtig, reichen aber bei Weitem nicht aus, um die Nachhaltigen Entwicklungsziele der Vereinten Nationen zu erreichen. Vielmehr sollte die chemische Industrie bereits jetzt einen deutlich umfassenderen Ansatz wählen, um nicht erneut in Technologien zu investieren, die sich schon bald als nicht nachhaltig herausstellen.

Auf die Funktion kommt es an

Produkte der chemischen und verwandten Industrien werden verwendet, weil sie einen bestimmten Zweck erfüllen oder eine bestimmte Funktion bieten. Diese Funktion muss immer der Ausgangspunkt für die Nachhaltigkeitsbetrachtungen sein. Die erste Frage lautet: Ist dieser Zweck oder diese Funktion notwendig und wenn ja, wie lässt er oder sie sich am besten erreichen? Die Berücksichtigung von nicht chemischen Alternativen und alternativen Geschäftsmodellen, wie Dienstleistungen oder Leasing von Chemikalien, ist dabei wichtig. Die Geschäftsmodelle dürfen sich nicht ausschließlich auf wirtschaftliche Ziele konzentrieren. Erst wenn klar ist, dass eine chemische Verbindung für einen bestimmten Zweck benötigt wird, stellt sich die Frage, welche chemische Verbindung diesen Zweck am besten erfüllen kann und wie sich dies am nachhaltigsten verwirklichen lässt. Die Betrachtung geht dabei weit über die reine chemische Synthese hinaus. Der gesamte Lebensweg von der Rohstoffgewinnung bis hin zur Kreislaufführung muss betrachtet werden.

Dabei sollte man aufpassen, nicht in Fallen durch zu stark verallgemeinerte oder vereinfachte Leitbilder zu tappen. Eine vollkommen geschlossene Kreislaufführung ist in der Realität nicht möglich. (1) Sie wird allein schon durch die Vielfalt der eingesetzten Produkte und ihrer diversen Zusammensetzung etwa auf molekularer Ebene erschwert. So führt beispielsweise der Trend nach immer spezialisierteren Kunststoffen dazu, dass sich in den Sammelsystemen der gelben Tonne viele unterschiedliche Kunststoffe befinden, die teils untrennbar miteinander verbunden sind und zudem oft noch weitere Chemikalien (Additive) enthalten.

> **„ Auf allen Ebenen müssen Innovationen entwickelt werden, die verantwortungsvoll, vertrauenswürdig, transparent und nachvollziehbar sind. "**

Es wird daher immer einen Anteil geben, der infolge nicht entfernbarer Bestandteile, Verunreinigungen oder Schädigungen ausgeschleust werden muss. Wir können nur den Anteil der unvermeidlichen Verluste reduzieren. Dies müssen wir dann aber nach den Gesetzen der Thermodynamik mit einem erhöhten Energieaufwand »bezahlen« und es wird immer zusätzlicher Abfall anfallen. Von daher kann es kein sogenanntes Upcycling geben. Dieser Begriff zeigt nur, dass der Betrachtungsrahmen zu eng gewählt wurde. Im besten Fall handelt es sich um eine Weiternutzung des Materials für eine gewisse Zeit, welches dann danach ebenfalls unter Verlusten und Energieaufwand und Entstehung von Abfällen wieder rezykliert werden muss. Im Bereich der Kunststoffe aus dem Verbraucherbereich funktioniert nur das Recycling der PET-Pfandflaschen einigermaßen gut, da sie weitgehend sortenrein gesammelt werden. Durch ein anspruchsvolles Sortierverfahren lässt sich daraus wieder Kunststoff für die Herstellung von Flaschen gewinnen. Doch auch hier wird ein Anteil anderer Kunststoffe (beispielsweise aus dem Deckel) und verschmutzter

Kunststoffe aussortiert und verbrannt. Wenn die notwendigen Qualitätsstandards für Lebensmittelverpackungen nicht erreicht werden, lassen sich aus dem Rezyklat Textilfasern herstellen. In diesem Fall werden aber weitere Chemikalien und gegebenenfalls weitere Fasern hinzugefügt, bis das Textil hergestellt ist, was dann ein nochmaliges qualitativ hochwertiges Recycling nicht erlaubt („Downcycling"). (2)

Planetare Leitplanken und Vorsorgeprinzip als Richtschnur
Um eine Innovation oder ein alternatives Produktangebot zu entwickeln, ist es unumgänglich, soziale und gesellschaftliche Verbesserungen einzubeziehen. Auf allen Ebenen müssen Innovationen entwickelt werden, die verantwortungsvoll, vertrauenswürdig, transparent und nachvollziehbar sind. Um die 17 Ziele für Nachhaltige Entwicklung der Vereinten Nationen zu erreichen, muss sich die Praxis der chemischen Industrie an allgemeinen Nachhaltigkeitsprinzipien wie Suffizienz, Konsistenz, Effizienz und Resilienz orientieren. Zusammen mit der Beachtung der planetaren Leitplanken und des Vorsorgeprinzips können neue wirtschaftliche Möglichkeiten entstehen, die gleichzeitig gesellschaftlichen Nutzen stiften. Hauptmerkmale einer nachhaltigen Chemie in diesem Sinne sind (2):

1. Holistisch: Der Chemiesektor richtet sich an den Zielen der Nachhaltigkeit aus. Dabei werden Wechselwirkungen zwischen verschiedenen Sektoren und den damit zusammenhängenden Zeitskalen berücksichtigt.

2. Vorsorge: Es wird vermieden, dass sich Probleme und Kosten auf andere Bereiche, Sphären oder Regionen verlagern. Es werden keine Stoffe in Umlauf gebracht, die zur Bildung künftiger Altlasten führen könnten. Bestehende Altlasten werden entsprechend dem Verursacherprinzip behandelt.

3. Systematisches Denken: Nachhaltige Chemie erfordert ein inter-, multi- und transdisziplinäres Denken auf einer soliden fachlichen Basis.

4. Ethische und soziale Verantwortung: Die Grundrechte und Menschenrechte aller Bewohner(innen) der Erde werden eingehalten und Wohlergehen aller Lebe-

„ Mit den Ansatzpunkten der nachhaltigen Chemie lässt sich die Transformation so gestalten, dass wirklich langfristig tragfähige Geschäftsmodelle entstehen. „

wesen berücksichtigt. Gerechtigkeit, die Interessen gefährdeter Gruppen und die Forderung fairer, integrativer, kritischer und emanzipatorischer Ansätze in allen Bereichen, einschließlich Bildung, Wissenschaft und Technologie, werden vorangetrieben.

5. *Zusammenarbeit und Transparenz:* Der Austausch, die Zusammenarbeit und das Recht aller Beteiligten auf Information zur Verbesserung der Nachhaltigkeit von Geschäftsmodellen, Dienstleistungen, Prozessen und Produkten werden gefördert. Die damit verbundenen Entscheidungen, einschließlich der ökologischen, sozialen und wirtschaftlichen Entwicklung auf allen Ebenen, werden transparent gestaltet. Jegliches Greenwashing wird durch vollständige Transparenz bei allen wissenschaftlichen und geschäftlichen Aktivitäten gegenüber allen Beteiligten und der Zivilgesellschaft vermieden.

6. *Nachhaltige und verantwortungsbewusste Innovation:* Die chemischen und verwandten Industrien werden von der molekularen bis zur makroskopischen Ebene von Produkten, Prozessen, Funktionen und Dienstleistungen in einer proaktiven Perspektive in Richtung Nachhaltigkeit transformiert. Die schließt eine kontinuierliche vertrauenswürdige, transparente und nachvollziehbare Kontrolle mit ein.

7. *Chemikalienmanagement:* Chemikalien und Abfälle werden während ihres gesamten Lebenszyklus zur Vermeidung von Persistenz, Toxizität und Bioakkumulation sowie anderer Schäden durch chemische Stoffe, Materialien, Verfahren, Produkte und Dienstleistungen umweltgerecht gemanagt und überwacht.

8. Zirkularität: Die Möglichkeiten und Grenzen einer Kreislaufwirtschaft, einschließ-lich der Verringerung der gesamten Stoff-, Material- und Produktströme sowie der damit verbundenen Energieströme in allen räumlichen und zeitlichen Maßstäben und Dimensionen, insbesondere in Bezug auf Volumen und Komplexität, werden berücksichtigt.

9. Grüne Chemie: Im Rahmen der Anwendung nachhaltiger Chemie werden so viele der zwölf Grundsätze der grünen Chemie wie möglich erfüllt, wobei die Ver-ringerung von Gefahren im Mittelpunkt steht, wenn Chemikalien zur Erbringung einer Dienstleistung oder Funktion benötigt werden, wann und wo immer dies mit der Nachhaltigkeit vereinbar ist. (3)

10. Lebenszyklus: Die oben genannten Prinzipien werden für den gesamten Lebens-zyklus von Produkten, Prozessen, Funktionen und Dienstleistungen auf allen Ebe-nen und in allen Sektoren proaktiv in Richtung Nachhaltigkeit angewandt.

Interdisziplinärer und umfassender ausbilden

Diese zehn Merkmale zeigen auf, dass die Transformation in Richtung einer nach-haltigen Chemie eine grundsätzlich andere Herangehensweise erfordert. Auch für die Ausbildung der Mitarbeiter(innen) in chemischen Berufen und insgesamt für alle Berufe in der chemischen Industrie stellt dies eine besondere Herausforderung dar. (4) Die Zusammenarbeit in interdisziplinären Teams muss sowohl in der Wis-senschaft als auch in der Industrie und in Behörden vorangetrieben und gefördert werden. In die fachliche Ausbildung von Chemiker(inne)n müssen Nachhaltigkeits-themen sowie das inter-, multi- und transdisziplinäre Denken integriert werden. Dazu muss die Bedeutung von chemischen Produkten in verschiedenen Branchen und in der Gesellschaft – einschließlich Ökonomie und Nachhaltigkeit – vermittelt werden. (5)

Wir befinden uns bereits in einer Transformation der chemischen Industrie. Es be-steht aber die Gefahr, dass jetzt nur einzelne Symptome kuriert, aber die Probleme nicht ganzheitlich angegangen werden. Mit den Ansatzpunkten der nachhaltigen Chemie lässt sich diese Transformation so gestalten, dass wirklich langfristig tragfähige Geschäftsmodelle entstehen und gleichzeitig die 17 Nachhaltigkeitsziele der Vereinten Nationen insgesamt erreicht werden können. ____

Literatur

(1) Lehmann, H. et al. (2022): The Impossibilities of the Circular Economy, Routledge, London.
(2) Zuin, V. G. / Kümmerer, K. (2022): Repurposing chemical waste: Sustainable chemistry for circularity beyond artificial intelligence. In: Cell. 2022, 185, S. 2655-2656.
(3) https://isc3.org/page/key-characteristics-of-sustainable-chemistry
(4) Anastas, P. T. / Warner, J. C. (1998) Green Chemistry: Theory and Practice, New York, S. 30.
(5) Wissinger, J. E. et al (2021): Integrating Sustainability into Learning in Chemistry. In: Journal of Chemical Education, 98, S. 1061-1063

a) b)

lehrt an der Hochschule Osnabrück. Er ist Sprecher des Arbeitskreises Umweltchemikalien / Toxikologie im Wissenschaftlichen Beirat des BUND.

Wann stimmt bei Ihnen die Chemie?

a) Die Chemie stimmt, wenn sie nachhaltig nachhaltig ist.
b) Wenn die Wechselwirkungen auf dem Planeten zu unser aller Wohlbefinden beitragen.

Zu den Autoren

a) Klaus Kümmerer ist Chemiker und seit 2010 Professor für Nachhaltige Chemie und Stoffliche Ressourcen. an der Leuphana Universität.
b) Markus Große Ophoff ist Chemiker und

Kontakt

Prof. Dr. Klaus Kümmerer
Leuphana Universität Lüneburg
Institut für Nachhaltige Chemie
E-Mail klaus.kuemmerer@leuphana.de

Prof. Dr. Markus Große Ophoff
Bund für Umwelt und Naturschutz
Deutschland e. V. (BUND)
E-Mail markus.grosse-ophoff@bund.net

Impulse

Projekte und Konzepte

Gender and Chemicals Road Map

Wegweiser für geschlechtergerechtes Chemikalienmanagement

Ungleichheiten zwischen den Geschlechtern sind in unserer Gesellschaft allgegenwärtig und beeinflussen auch die Welt der Chemie, zum Beispiel den Arbeitsschutz, akademische Laufbahnen und das Konsumverhalten. Aufgrund von sozialen Geschlechterrollen und -normen unterscheiden sich Expositionsfaktoren, zudem fällt die chemische Belastung aufgrund biologischer Differenzen der Geschlechter häufig unterschiedlich aus. Eine Nichtbeachtung dieser Genderaspekte hat negative Auswirkungen auf die menschliche Gesundheit und die Umwelt zur Folge. Ein nachhaltiges Chemikalienmanagement muss daher Genderaspekte beachten und Gender systematisch integrieren. In internationalen Abkommen wie den Basel-, Rotterdam- und Stockholm-Konventionen sowie in aktuellen Diskussionen zur Neugestaltung des Strategischen Ansatzes zum internationalen Chemikalienmanagement (SAICM) finden Genderaspekte zunehmend Beachtung, für die praktische Umsetzung auf nationaler Ebene fehlt es aber bisher an Ideen und Ansätzen, auch in Deutschland.

Im Projekt „GenChemRoadMap" (Laufzeit 2021-2022) entwickelte das MSP Institute (Multi-Stakeholder Processes for Sustainable Development e. V.) daher einen ersten Wegweiser für das Gender Mainstreaming im nationalen Chemikalienmanagement, die „Gender and Chemicals Road Map", sowie ein dazugehöriges Arbeitsbuch. Beides soll auf nationaler Politikebene dabei helfen, Probleme im Umgang mit Chemikalien aus Geschlechterperspektive zu betrachten und das Chemikalienmanagement somit in der Praxis geschlechtergerecht gestalten zu können.

Genderperspektive nutzen

In einer anschließenden Pilotphase wurde der Wegweiser in Deutschland getestet: Dafür lud das MSP Institute zusammen mit der deutschen SAICM-Anlaufstelle, im Juli 2021 in einem ersten Schritt interessierte Stakeholder des deutschen Chemikalienmanagements zu einem digitalen Runden Tisch ein. Mehr als 40 Teilnehmende aus Industrie, Regierungs- und Nichtregierungsorganisationen sowie Berufsverbänden und Wissenschaft tauschten sich dabei erstmals zu den Zusammenhängen von Gender und Chemikalien in Deutschland aus. Daraufhin führte eine Kernarbeitsgruppe interessierter Stakeholder mithilfe des Wegweisers eine Bestandsaufnahme der Integration von Gender im deutschen Chemikalienmanagement durch und entwickelte Ideen und Ansätze zur Optimierung. Hierbei konzentrierte sich die Gruppe besonders auf Chemikalien in Baumaterialien – ein Thema, das bisher noch kaum aus Genderperspektive betrachtet wurde. Final untersuchte die Arbeitsgruppe mit der Methode des Gender Impact Assessments ganz konkret, welche unterschiedlichen Auswirkungen die Einführung eines digitalen Gebäuderessourcenpasses auf die Geschlechter haben könnte. Die Arbeitsgruppe entwickelte außerdem praktische Anregungen zur Gestaltung des Passes, sodass dieser gleichermaßen die Informationsbedürfnisse aller Geschlechter zur Chemikaliensicherheit in Bezug auf Gebäuderessourcen berücksichtigt. Der digitale Gebäuderessourcenpass könnte beispielsweise per Klick Gesundheitsinformationen zu Baumaterialien für Eltern mit Kleinkindern oder für Schwangere zusammenstellen und aufzeigen, welche Sicherheitsmaßnahmen bei Umbau- oder Reparaturarbeiten im Gebäude jeweils zu beachten sind.

Mit der Gender and Chemicals Road Map konnten in Deutschland so erstmals unterschiedliche Akteure des Chemikalienmanagements zum Thema Gender zusammengebracht und ein gemeinsames Nachdenken über eine geschlechtergerechte Gestaltung des Chemikalienmanagements

in der Praxis angeregt werden. Jetzt sollen weitere Akteure und Organisationen aus der Welt der Chemie mit dem Wegweiser ermutigt werden, systematisch das Gender Mainstreaming anzugehen. Denn eine nachhaltige Chemie muss geschlechtergerecht gestaltet sein.

Anna Holthaus,
Projektkoordinatorin MSP Institute

www.gender-chemicals.org

Auswirkungen von Chemikalien
Kinder besonders gefährdet

Die gemeinnützige Stiftung World Future Council aus Hamburg und das Ausbildungs- und Forschungsinstitut der Vereinten Nationen (UNITAR) haben einen gemeinsamen Bericht zu den Gefahren von Chemikalien für Kinder veröffentlicht. Unter dem Titel „Ein gesunder Planet für gesunde Kinder" wird erläutert, wo Kinder gefährlichen Substanzen ausgesetzt werden und welche negativen Auswirkungen weltweit an der Tagesordnung stehen. Der Bericht verdeutlicht den dringenden Handlungsbedarf der weltweiten Politik: Jährlich sterben über 1,7 Millionen Kinder unter fünf Jahren vorzeitig durch Umweltverschmutzung und giftige Chemikalien. Über 90 Prozent der Kinder atmen täglich giftige Luft ein, dabei starben im Jahr 2016 weltweit 600.000 Kinder an Atemwegsinfektionen.

Chemische Stoffe sind für Kinder besonders schädlich und können drastische Folgen für die weitere Entwicklung mit sich bringen. Vor allem die weitverbreitete Kinderarbeit verursacht schwerwiegende Folgen: So arbeiten weltweit 108 Millionen Kinder in der Landwirtschaft, wo sie Pestiziden ausgesetzt sind. Häufige Gefahrenquellen stellen zudem kontaminiertes Trinkwasser oder unsicheres Spielzeug dar. Im Bericht werden Fallbeispiele für bewährte politische Maßnahmen in verschiedenen Ländern vorgestellt. Einige davon wurden mit dem „Future Policy Award" ausgezeichnet, den der World Future Council seit 2009 für besonders erfolgreiche Politiken verleiht.

Der Bericht formuliert auch sieben Empfehlungen an die internationale Chemikalienpolitik. Diese solle einen kinderrechtsbasierten Ansatz verfolgen und grenzüberschreitende Lösungen finden, da auch die verursachten Schäden keinen Halt vor nationalen Grenzen machen. Das Projekt wurde von Bundesumweltministerium und Umweltbundesamt gefördert. (am)

https://worldfuturecouncil.org/wp-content/uploads/2022/06/wfc-brochure-healthy-planet-children_DE_v03.pdf

Pestizid-Check-Up
Unsichtbares Gift

Um Daten zur Verbreitung von Pestiziden im menschlichen Körper zu sammeln, hat eine bürgerwissenschaftliche („citizen science") Studie einen „Pestizid-Check-Up" durchgeführt. Initiiert wurde das Vorhaben vom europaweiten Netzwerk „Good Food Good Farming", dem über 350 Initiativen angehören, darunter etwa auch das deutsche „Wir haben es satt!"-Bündnis.

Zwischen Mai und August 2022 waren alle interessierten Bürgerinnen und Bürger dazu aufgerufen, ihre Haarproben einzusenden. Insgesamt 300 Menschen aus ganz Europa, darunter 98 aus Deutschland haben sich an der Aktion beteiligt. Das in Straßburg ansässige Labor Expozom analysierte die Proben auf 30 verschiedene, in der EU zugelassene Herbizide, Fungizide und Insektizide. Im Oktober wurde nun der Ergebnisbericht veröffentlicht, der einen hohen Verbreitungsgrad der giftigen Chemikalien unter den Teilnehmerinnen und Teilnehmern nachweist: Bei 29 Prozent der Proben wurden Rückstände gefunden. Unter Beschäftigten in der Landwirtschaft sind die giftigen Stoffe besonders stark verbreitet. Teilnehmer(inn)en aus ländlichen Räumen sind daher tendenziell eher betroffen als Stadtbewohner(innen). Unter den gefundenen Stoffen fand sich unter anderem auch Tebuconazol, das die Reproduktionsfähigkeit mindern kann und im Verdacht steht, krebserregend zu sein.

Die Initiator(inn)en nehmen die Ergebnisse zum Anlass, eine bessere Pestizidregulierung in der Europäischen Union zu fordern. Der Einsatz besonders kritischer Stoffe wie Tebuconazol sollte nach Ansicht der Allianz sofort verboten werden. (Land-wirtschaftliche) Betriebe, die auf Pestizide verzichten, müssten besser unterstützt werden. Bis 2035 fordert das Bündnis zudem ein komplettes Pestizidverbot. Den Abschluss der Aktion bildete ein Protest vor dem Europäischen Parlament in Brüssel unter dem Motto „Detox EU Agriculture". Der ausführliche Ergebnisbericht steht auf der Website von Good Food Good Farming zur Verfügung. (am)

https://goodfoodgoodfarming.eu/pesticide-checkup

Positionspapier zum Verbot
von Pflanzenschutzmitteln
Pestizidfrei durch Biolandbau

In einem gemeinsamen Positionspapier haben sich acht deutsche Verbände aus den Bereichen Wasserwirtschaft und Ökolandbau für eine Stärkung des Trinkwasserschutzes sowie mehr biologische Landwirtschaft in der Europäischen Union ausgesprochen. Anlass ist die geplante EU-Verordnung zur nachhaltigen Verwendung von Pflanzenschutzmitteln („Sustainable Use Regulation"). Darin schlägt die Europäische Kommission vor, die Anwendung aller Pflanzenschutzmittel in ökologisch empfindlichen Gebieten zu unterbinden. Die Unterzeichner(innen) unterstützen ausdrücklich das Vorhaben eines Anwendungsverbots für Pestizide, beklagen aber die fehlende Differenzierung von Naturstoffen zu chemisch-synthetischen Mitteln. Pflanzenschutzmittel natürlichen Ursprungs seien nach Ansicht der Verbände unverzichtbar für den ökologischen Landbau. Sie fordern deswegen, das geplante

Anwendungsverbot auf chemisch-synthetische Pflanzenschutzmittel einzugrenzen und die Anwendung von Naturstoffen im Ökolandbau weiterhin zu ermöglichen.

Da in der biologischen Landwirtschaft der Einsatz chemisch-synthetischer Düngemittel ohnehin verboten ist, solle der Ökolandbau als Instrument zur Pestizidreduktion in Gebieten der Trinkwassergewinnung stärker gefördert werden. „Der Ökolandbau hat bereits die Antworten auf unsere Probleme und ist die geeignetste präventive Maßnahme, unser Grundwasservorkommen vor Kontaminationen aus dem Bereich zu schützen", so Martin Weyand vom Bundesverband der Energie- und Wasserwirtschaft (BDEW).

Unterzeichnet haben neben dem BDEW auch der Deutsche Verein des Gas- und Wasserfaches, der Bund Ökologische Lebensmittelwirtschaft, der Bundesverband Ökologischer Weinbau, Bioland, Biokreis sowie Demeter. (am)

https://bdew.de/service/stellungnahmen/verbaendepapier-trinkwasserschutz-und-oekolandbau-staerken

Aufklärung über gefährliche Substanzen
Scannen für den Durchblick

Das EU-Projekt „AskREACH" hat sich zum Ziel gesetzt, die Gesellschaft stärker für gefährliche Chemikalien zu sensibilisieren und Verbraucher(innen) beim Kauf zu unterstützen. Dabei stützt sich das Projekt auf die REACH-Verordnung aus dem Jahr

2006, die Unternehmen dazu verpflichtet, Informationen zu „besonders besorgniserregenden Stoffen" (englisch: Substances of very high concern, SVHCs) in ihren Produkten bereitzustellen. Den Konsument(inn)en wird hingegen ein „Recht auf Kenntnis" dieser Inhaltsstoffe eingeräumt, die sich unter anderem in Haushaltsartikeln, Möbeln, Kosmetik und Textilien verstecken können (vgl. S. 48 ff.).

Um den Kommunikationsprozess zwischen Unternehmen und Konsument(inn)en zu vereinfachen, hat das Projekt die kostenlose App „Scan4Chem" entwickelt. Sie ist über die bekannten App-Stores in derzeit 19 europäischen Ländern erhältlich, weitere sollen folgen. Die Anwendung soll Kund(inn)en ermöglichen, auf unkomplizierte Weise Produkte auf kritische Inhaltsstoffe zu überprüfen. Um Informationen über enthaltene SVHCs zu erhalten, kann man den Barcode direkt vom Produkt einscannen oder gezielt nach Produktnamen suchen. Ist ein Produkt nicht in der Datenbank enthalten, können Nutzer(innen) über die App eine Anfrage an die Produkthersteller(innen) senden. Unternehmen können ihre Produkte der Datenbank hinzufügen und so einfacher ihrer gesetzlichen Informationspflicht nachkommen. Die Bedienfreundlichkeit hängt somit auch von der Partizipation der Nutzenden ab.

Es gibt zwar bereits einige bekanntere Alternativen, die eine umfangreichere Datenbank bieten, wie etwa „CodeCheck" vom Entwickler „Producto Check GmbH". Anders als Scan4Chem finanziert sich diese App jedoch durch aufploppende Werbung. Das AskREACH-Projekt wird im Rahmen des „Life-Programm" der Europäischen Union gefördert. Es startete am 1. September 2017 und läuft noch bis Ende März 2023. Im Januar soll eine Konferenz in Brüssel den Abschluss bilden. Im Projekt arbeiten europäische Wissenschaftsinstitute, Umwelt- und Verbraucherschutzorganisationen sowie Behörden zusammen. Zu den deutschen Partnern zählt unter anderem das Umweltbundesamt und der Bund für Umwelt und Naturschutz. (am)

https://askreach.eu/app

Insektenbioraffinerie
Kreisläufe nutzen

Das Fraunhofer-Institut für Grenzflächen- und Bioverfahrenstechnik (IGB) möchte mit seinem neuen Projekt eine sogenannte Insektenbioraffinerie (InBiRa) entwickeln und somit einen weiteren Weg in Richtung einer nachhaltigen Bioökonomie aufzeigen. Das Grundprinzip sieht vor, Insektenlarven durch Rest- und Abfallstoffe zu züchten und diese anschließend zu verwerten. Als Reststoffe werden nach entsprechender Aufbereitung etwa Essensreste aus Kantinen oder überlagerte Lebensmittel verwendet. Anschließend kommen Larven der schwarzen Soldatenfliege zum Einsatz. Die Insekten sind reich an Proteinen, Fetten und Chitin und lassen sich zu verschiedenen Produkten weiterverarbeiten. Unter anderem sollen Schmier-, Kraft- und

Klebstoffe, Reinigungsmittel, Verpackungsfolien oder Kosmetik herstellbar sein. Aufgrund der ähnlichen Fettsäurezusammensetzung kommen die Insekten auch als regionale Alternative zu tropischen Ölen wie Kokos- und Palmöl infrage. Die Projektpartner(innen) untersuchen dazu zunächst die Umsetzbarkeit des Herstellungsprozesses und testen die Marktfähigkeit der Produkte. Zudem wird eine Nachhaltigkeitsbewertung durchgeführt.

Für das Vorhaben kooperiert das Fraunhofer IGB unter anderem mit der Universität Stuttgart, dem Institut für Energie- und Umweltforschung Heidelberg (ifeu) und der BioPro GmbH, die sich auf ökologische Schädlingsbekämpfung spezialisiert hat. Das Projekt läuft von Oktober 2021 bis März 2024 und wird vom Umweltministerium Baden-Württemberg zusammen mit der Europäischen Union im Förderprogramm „Bioökonomie Bio-Ab-Cycling" unterstützt. Auf der Website wird das Projekt in einem kurzen Video vorgestellt. (am)

www.igb.fraunhofer.de/de/referenzprojekte/inbira-insektenbioraffinerie.html

Lithiumgewinnung aus Geothermie
Als Ergänzung denkbar

Forschende des Instituts für Angewandte Geowissenschaften am Karlsruher Institut für Technologie (KIT) haben in neuen Studien das Potenzial der Lithiumgewinnung aus Geothermie untersucht. Der Bedarf an Lithium steigt vor allem wegen der Batterieproduktion weiter an, doch die Beschaffung ist aufwendig: Europa ist bisher vollständig auf Importe angewiesen. Unter anderem in Chile und Australien wird der von der Europäischen Union als kritisch eingestufte Rohstoff unter hohen Kosten für die Umwelt abgebaut. Doch Lithium kommt auch als Nebenprodukt in heimischen Thermalwässern vor. Mithilfe neuer Technologien in Geothermiekraftwerken lässt sich nach der Energieproduktion die seltene Ressource vom Wasser abtrennen. Somit würden bereits bestehende Infrastrukturen effektiver genutzt und der Flächenverbrauch gering gehalten werden. Auch die Transportkosten und damit verbundene Umweltauswirkungen blieben durch den regionalen Abbau auf niedrigem Niveau.

In den neuen Veröffentlichungen wurden die Möglichkeiten und Grenzen des heimischen Lithiumabbaus näher erforscht. Eine Übersichtskarte zeigt die verschiedenen Geothermiestandorte mit ihren jeweiligen Lithiumgehalten. Standortbedingte Faktoren beeinflussen das Ausmaß des zu gewinnenden Lithiums. Die Wissenschaftler(innen) halten bei einer optimistischen Abschätzung eine jährliche Produktion von ungefähr 2.600 bis 4.700 Tonnen für möglich, was etwa 2-13 Prozent des deutschen Jahresbedarfs in der Batterieproduktion entspricht. Die heimische Produktion stelle also vorerst nur eine ökologische Ergänzung zum Import dar. Einige Faktoren müssen zudem noch weiter erforscht werden. So befinden sich die Technologien zum Lithiumabbau laut KIT noch „in einem frühen bis mittleren Entwicklungsstadium". Besonders wichtig sei auch eine breite gesellschaftliche Akzeptanz, um die Vorhaben zu realisieren. Das Forschungspapier richte sich deswegen ausdrücklich nicht nur an das Fachpublikum, sondern auch an Vertreter(innen) aus Politik, Wirtschaft sowie interessierte Bürgerinnen und Bürger. (am)

https://kit.edu/kit/pi_2022_092_grenzen-der-lithiumgewinnung-aus-geothermie.php

Partnerschaft zu Biotensiden
Industrie und Forschung vermischt

In der „Innovationsallianz Funktionsoptimierte Biotenside" haben sich Partner(innen) aus Wissenschaft und Industrie zusammengeschlossen, um die Herstellung von Biotensiden weiterzuentwickeln.

Tenside werden aufgrund ihrer Eigenschaft, Öl und Wasser zu vermischen, für viele Produkte wie Reinigungs- und Pflanzenschutzmittel, aber auch für Lebensmittel verwendet. Konventionell werden sie aus Erdöl hergestellt. Mikrobielle Biotenside lassen sich hingegen aus nachwachsenden Rohstoffen herstellen und könnten eine nachhaltigere Alternative darstellen. Dazu forscht das Fraunhofer-Institut für Grenzflächen- und Bioverfahrenstechnik zusammen mit seinen Forschungspartner(inne)n, darunter die Technische Universität München und die Universität Stuttgart.

In einer ersten Projektphase, die von 2018 bis 2020 lief, wurden enzymatische und fermentative Herstellungsarten für Biotenside erprobt. Dazu kamen Rohstoffe wie Zucker und pflanzliche Öle zum Einsatz. Nebenbei wurden nach Projektangaben Analysen zur Nachhaltigkeit sowie zur Wirtschaftlichkeit und technologischen Reife durchgeführt. Seit 2021 läuft die zweite Projektphase, in der sicherheitsrelevante Untersuchungen wie Gefährdungsanalysen durchgeführt werden. Die entwickelten Musterprodukte werden der Industrie zur Verfügung gestellt. Zu diesen zählen unter anderem BASF und Henkel. Das Projekt soll noch bis Juni 2024 laufen und wird dabei vom Bundesministerium für Bildung und Forschung im Rahmen der „Innovationsinitiative Industrielle Biotechnologie" gefördert. (am)

https://allianz-biotenside.de

Alternativstoffe für Industrie
Auf Biochemie bauen?

Das in Southampton ansässige Biochemie-Unternehmen Bio-Sep Limited hat mit verschiedenen Partnern aus der Wissenschaft ein interdisziplinäres Verbundprojekt angekündigt. „Bio-Sep" steht für „sustainable separation of non-food, lignocellulosic biomass into high-value biochemicals", also für die nachhaltige Abspaltung von hölzerner (lignocellulosehaltiger) Biomasse aus dem Non-Food-Bereich in hochwertige Biochemikalien. Das Unternehmen gibt an, eine innovative Bioraffinerie-Technologie entwickelt zu haben, die bei geringer Temperatur und Druck und mit recyclebaren Lösungsmitteln funktioniert. In einem energiesparenden Prozess sollen Nebenprodukte aus der Land- und Forstwirtschaft verwertet werden, wobei Lignin extrahiert wird. Lignin ist ein chemischer Stoff, der zur Stabilität pflanzlicher Gewebe beiträgt und unter anderem die Verholzung von Pflanzen bewirkt.

Die umgewandelten Produkte könnten als nachhaltigere Alternativen zur herkömmlichen Petrochemie infrage kommen und in der Bauindustrie sowie als Verbundwerkstoffe eingesetzt werden. Die Projektpartner wollen die Leistungsfähigkeit der Produkte testen, indem sie sie etwa als Zementbeimischung verwenden. Dazu wird das Projekt auch durch das Nationale Zentrum für Verbundwerkstoffe des Vereinigten Königreichs (National Composites Centre) unterstützt. Beteiligt ist zudem das „Innovationszentrum für angewandte nachhaltige Technologien (Innovation Centre for Applied Sustainable Technologies, iCAST)", ein britischer Forschungsverbund, dem unter anderem die Universitäten von Bath und Oxford angehören. Laut dem Direktor des Verbundes, Matthew Davidson, wird iCAST in den nächsten zwei Jahren etwa 50 Projekte mit Partnern aus der Industrie durchführen. So möchte der Verbund einen Beitrag zur Erreichung der britischen Klimaziele leisten. Erste Ergebnisse des Projektes seien „ermutigend", so die Initiatoren. Konkretere Informationen zu den Ergebnissen und zum zeitlichen Ablauf wurden bisher noch nicht veröffentlicht. (am)

https://bio-sep.com/new-joint-industry-project-with-icast-and-the-national-composite-centre

„Responsible Care"
in der Chemieindustrie
Der Verantwortung gerecht werden

Viele Unternehmen der chemischen Industrie berufen sich auf das sogenannte „Responsible Care"-Programm. Es entstand 1985, um den internationalen Ruf der Industrie zu verbessern. Im Rahmen der Initiative haben Interessenverbände und Unternehmen von gesetzlichen Standards unabhängige, freiwillige Grundsätze entwickelt, durch die mehr Sicherheit und Nachhaltigkeit sowie ein besserer Gesundheitsschutz in der Branche erreicht werden sollen. Der Weltchemieverband ICCA (International Council of Chemical Associations) hat dafür sechs ethische Leitlinien in einer globalen Charta festgehalten, die von zahlreichen Unternehmen und Verbänden unterschrieben wurde. Die eher vage formulierten Punkte befassen sich etwa mit der „Kultur der Unternehmensführung", dem „Schutz von Mensch und Umwelt" und dem „Beitrag zur Nachhaltigkeit". Zur Transparenz über die Einhaltung der selbstauferlegten Standards veröffentlicht beispielsweise der deutsche Verband der chemischen Industrie (VCI) einen jährlichen Bericht.

Seit 2005 vergibt der Verband der Europäischen chemischen Industrie (CEFIC) zudem den „European Responsible Care Award". Dieser würdigt europäische Unternehmen und Bündnisse, die sich nach Ansicht der Jury in besonderem Maße für Sicherheit und Nachhaltigkeit in der Branche einsetzen. Im Jahr 2018 wurde etwa die Initiative „Insect Respect" für ihren Einsatz im ökologischen Insektenschutz ausgezeichnet. 2020 und 2021 wurden verschiedene Projekte zur Bewältigung der Covid-19-Pandemie gekürt. In diesem Jahr entschied CEFIC, auf eine traditionelle Verleihung zu verzichten und stattdessen mehrere Projekte in einer Online-Galerie vorzustellen, die sich auf humanitäre Hilfe für die Ukraine fokussieren. (am)

https://cefic.org/responsible-care

CO$_2$-Einsparpotenzial in chemischer Industrie
Unverzichtbarer Stoff

Die Initiative für erneuerbaren Kohlenstoff („Renewable Carbon Initiative") hat sich zum Ziel gesetzt, den Chemiesektor beim Übergang in eine nachhaltigere Zukunft zu unterstützen. Das Bündnis wurde im September 2020 vom deutschen nova-Institut zusammen mit Partnern aus der chemischen Industrie wie etwa BASF, Beiersdorf und Unilever gegründet. Im Gegensatz zu anderen Industriebereichen sei eine Dekarbonisierung in ihrer Branche keine Option, denn die organische Chemie sei auf Koh-

lenstoff angewiesen. Um diesen aus erneuerbaren statt aus fossilen Quellen zu gewinnen, kämen Biomasse, Recycling oder Kohlenstoffdioxid (CO$_2$) infrage. Ein wichtiger Faktor könnte dabei Technologien zur Kohlenstoffabscheidung und -verwertung („Carbon Capture and Utilization", CCU) sein. CCU-basierte Prozesse umfassen die Abscheidung, den Transport und die anschließende Nutzung von Kohlenstoffverbindungen. Auf diese Weise könnte etwa Kohlenstoffdioxid aus der Atmosphäre genutzt werden, um neuen Kohlenstoff für den Bedarf der Chemieindustrie zu gewinnen. In einer neuen Studie hat die Renewable Carbon Initiative nun das Potenzial der CO$_2$-Reduktion durch CCU-basierte Maßnahmen untersucht. Den Ergebnissen zufolge könnten CCU-Technologien einen wichtigen Baustein zur Reduktion der Treibhausgasemissionen bilden, wenn dabei erneuerbare Energien zum Einsatz kommen. Bei einer vollständig dekarbonisierten Energieversorgung könnten nach Angaben des nova-Instituts 3,7 Gigatonnen CO$_2$ pro Jahr eingespart werden. Die Initiative fordert deswegen einen schnellen Ausbau der Solar- und Windenergieanlagen. (am)

https://renewable-carbon-initiative.com

Medien

Emeis, S. / Schlögl-Flierl, K. (Hrsg.): Phosphor

Bei „Phosphor – Fluch und Segen eines Elements" handelt sich um eine Neuerscheinung aus der Reihe „Stoffgeschichten". Aus dieser Reihe hatte ich den wirklich exzellenten Band „Sand" gelesen und unter anderem in meiner Rezension geschrieben: „Er liefert wichtiges Hintergrundwissen zu diesem spannenden Thema, welches im Hinblick auf Umwelt, Volkswirtschaft, Städteplanung etc. pp. so relevant ist. Und Vince Beiser ist aus meiner Sicht ein Topautor, der zum einen geschichtliche Hintergründe bringt, aktuelle Missstände anprangert und vor Ort recherchiert. Chapeau! Kein Wunder, dass Vince Beiser mehrfach ausgezeichnet wurde (z. B. durch „Pulitzer Center on Crisis Reporting").

Entsprechend hoch waren meine Erwartungen an den neuen Band aus der Reihe zum Thema Phosphor. Und ich kann guten Gewissens sagen, dass auch dieser Band äußerst empfehlenswert ist. In der Reihe „Stoffgeschichten" geht es laut Verlag um „Stoffe, die Geschichte schreiben". Auch Phosphor gehört definitiv dazu.

Denn Phosphor beziehungsweise genauer gesagt Phosporverbindungen sind alleine schon für den Aufbau unseres Körpers und die Funktion der Organe essenziell.

Wer sich bisher nicht mit Phospor näher beschäftigt hat, dem/der empfehle ich zu Beginn der Lektüre des Buches das Kapitel 7 „Einige Aspekte zur Rolle von Phosphor in der Geschichte der Menschheit", von der Autorin Dr. Bärbel Rott. Denn da wird gut lesbar wertvolles Grundlagenwissen vermittelt. Welche Menge Phosphor benötigt ein Mensch pro Tag? Wie hoch sind die globalen Reserven an Phosphor? Was ist mit den wirtschaftlich abbaubaren Lagerstätten? Dabei zeigt sich auch, dass die Geopolitik hier mit hineinspielt – denn eine der größten Phosphatminen der Welt befindet sich in der westlichen Sahara. Da ist aber Cadmium im Phosphat, so die Autorin – weshalb da entsprechende Grenzwerte in der EU aus politischen Gründen nicht durchgesetzt werden... – 67Spannend, unter wirtschaftlichen, chemischen, geopolitischen Aspekten!

Mein Verweis auf das Kapitel 7 gibt schon einen Hinweis darauf: Das Buch ist zwar in drei große Kapitel eingeteilt. Innerhalb der Kapitel sind die Beiträge allerdings auch unabhängig voneinander lesbar.

Als große Stärke des Buchs sehe ich den interdisziplinären Ansatz. Denn natürlich, hier kommen Chemiker(innen) zu Wort. Es werden aber ebenso philosophische und auch theologische Aspekte des Phosphors behandelt („Phosporus" = „Lichtbringer") und auch die Entdeckungsgeschichte mit Exkurs in die Welt der frühneuzeitlichen Alchimisten ist interessant. Ich hätte mir nur ein Kapitel wie das Kapitel 7 zu Beginn des Buches gewünscht, um erst einmal einige „harte Fakten" als Grundlage zu haben, zum besseren Verständnis anderer Kapitel. Insgesamt aber klares Daumen hoch meinerseits und unbedingte Leseempfehlung!

Michael Vaupel
www.ethische-rendite.de/blog/

Emeis, S. / Schlögl-Flierl, K. (Hrsg.):
Phosphor. Fluch und Segen eines Elements.
oekom verlag, München 2021, 256 S.,
25,00 €, ISBN: 978-3-96238-282-7
Auch als E-Book erhältlich.

Ratzesberger, P.: Plastik

Da Plastik ein praktischer Allrounder ist, hat der Kunststoff die Welt erobert. In fast allen Bereichen unseres Lebens, sei es Kleidung, Wohnungseinrichtung, Gesundheit und Verkehr sind Kunststoffe nicht mehr wegzudenken (vgl. S. 48 ff.). Als Plastikmüll gelangen sie und ihre Rückstände schließlich in die Umwelt, in die Gewässer und leider immer öfter auch in die Mägen vieler Tiere. Das stellt ein gravierendes Umweltproblem dar, denn „Das Meer vergisst nicht". Das Meer als »Endlager« der globalen Plastikflut taucht immer wieder in diesem Buch auf.

Um die komplexe Geschichte von der Erfindung des heilsbringenden Rohstoffes, über die Mär von der umfassenden Recycelbarkeit bis zu den Prognosen und Möglichkeiten der Zukunft zu erzählen, hat die Journalistin Pia Ratzesberger ihr Buch in sieben Kapitel unterteilt: Beginnend mit „Das Plastik" und „Der Müll", geht es weiter mit „Die Gefahren", „Die Herkunft", dann „Der Weg", „Der Mensch" und schließlich „Die Zukunft". Zahlreiche Abbildungen, Infografiken und typografisch abgesetzte Listen lockern die Kapitel intelligent auf und fassen die Informationen kompakt zusammen. Es gibt auch ein „Kleines Lexikon der Kunststoffe", das dabei helfen kann, die Kürzel auf den Verpackungen im Supermarkt zu dechiffrieren. Die „8 Vorschläge, um Plastik zu vermeiden" zeigen, wie leicht das Umdenken im Alltag sein kann. Trotzdem macht die Autorin sehr klar, dass die Verantwortung für das Eindämmen der Plastikflut nicht allein bei den Verbraucher(inne)n liegt: „Die Wirtschaft muss sich darum kümmern, die Politik muss die richtigen Anreize setzen, und das Recycling von Kunststoffen muss besser erforscht werden."

Pia Ratzesberger erklärt Herkunft, Anwendung und chemische Wirkung der Kunststoffe. Das tut sie gut verständlich und mit zahlreichen Beispielen aus dem Alltag. Wer sich in die Debatte um die Folgen unseres »Plastikwahns« einlesen möchte, findet auf den hundert Seiten viel Wissenswertes, praktische Tipps und mögliche Alternativen. (ao)

Ratzesberger, Pia: Plastik.
Philipp Reclam jun. Verlag,
Stuttgart 2019, 100 S., 10,00 €,
ISBN 978-3-15-020551-8

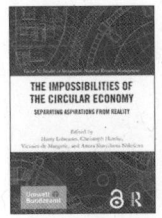

Lehmann, H. et. al. (Hrsg.): The Impossibilities of the Circular Economy

Begriffe wie „Circular Economy" (Kreislaufwirtschaft) und „Cradle to Cradle" (Von der Wiege bis zur Wiege) werden teilweise so eingesetzt, als ob sich durch die konsequente Anwendung dieser Philosophie alle Nachhaltigkeitsprobleme lösen ließen und wir ansonsten so weiter machen könnten wie bisher. Unendliches Wachstum bei begrenzten Ressourcen soll ermöglicht werden. Hier setzt das Buch „The Impossibilities of the Circular Economy – Separating Aspirations from Reality" an und zeigt auf, wo die Grenzen von Circular Economy liegen und welchen Problemlösungsansatz sie auf der anderen Seite leisten kann.

Bereits im ersten Artikel fasst Reiner de Man das Thema klar zusammen: „Aus wissenschaftlicher und technischer Sicht kommen wir zu dem Schluss, dass das Konzept einer „Circular Economy", das weitgehend auf den „Cradle-to-Cradle-Design-Prinzipien" beruht, sehr schwach ist. Darüber hinaus ist das Konzept aus politischer Sicht gefährlich, da es nicht nur Illusionen über eine abfallfreie Welt weckt, sondern auch die enormen Anstrengungen vernachlässigt, die für die Schaffung einer nachhaltigen Wirtschaft wirklich erforderlich sind. Zu stark vereinfachte und daher irreführende Märchen von einem schnellen Übergang zu einer Kreislaufwirtschaft sind nicht hilfreich. Im Gegenteil, sie verleugnen die Ernsthaftigkeit des Problems und die Schwierigkeit seiner Lösungen. Es ist an der Zeit zu erkennen, dass die Behauptung „Abfall ist Nahrung" heute eine Lüge ist und auch in Zukunft eine Lüge bleiben wird."

Die Argumentation startet bei den naturwissenschaftlichen Grundsätzen der Thermodynamik. Der zweite Hauptsatz der Thermodynamik besagt vereinfacht, dass die Unordnung in natürlichen Prozessen immer nur zunehmen kann und dass es viel Energie braucht, um wieder Ordnung zu schaffen. Ein unendliches Wirtschaftswachstum bräuchte also selbst bei 100 Prozent geschlossenen Kreisläufen auch unendlich viel Energie.

Aber lassen sich Kreisläufe überhaupt zu 100 Prozent schließen? Hier wird an vielen Stellen sowohl mit grundsätzlichen Überlegungen als auch mit zahlreichen Beispielen dargelegt, dass dies nicht möglich ist. Nehmen wir beispielsweise das Metallrecycling bei Elektronikschrott. Hier gibt es viele unterschiedliche Metalle. Kupfer für Leitungen, Stahl für Gehäuse und Strukturen, Gold bei Kontakten und Messing oder ähnliche Legierungen bei bestimmten Bauteilen. Wenn sie nun eingeschmolzen werden, entstehen Mischungen von Metallen (Legierungen), die schwer zu trennen sind und sich für die ursprünglichen Zwecke kaum noch eignen. Leider nimmt die Materialvielfalt in den letzten Jahren noch deutlich zu. Oder das Beispiel Kunststoffe. Diese Gruppe ist selbst schon sehr vielfältig. Zudem gibt es bis zu 10.000 Zusatzstoffe, die in Kunststoffen enthalten sein können. Ein PVC-Bodenbelag kann mehr als 50 Prozent dieser Zusatzstoffe enthalten. Ein komplettes Recycling ist kaum möglich. Zudem wird deutlich, dass für das Recycling eine genaue Kenntnis über die Stoffe in den Produkten notwendig ist. Hierfür braucht es wirksame Mechanismen für die Informationsweitergabe entlang der Lieferketten und zu den Behörden.

Ähnlich wie das Thema der Effizienz durch den Rebound-Effekt (vgl. S. 120 ff.) von seinem Nimbus als universeller Problemlöser befreit wurde, geschieht dies in diesem Buch mit dem Thema Circular Economy. Wirkliche Problemlösungen sind komplex. Sie müssen sich an den Nachhaltigkeitszielen der Vereinten Nationen orientieren. Dazu braucht es viele Methoden, die untereinander abgestimmt eingesetzt werden müssen. Dazu gehören Effizienz, Suffizienz und natürlich auch die Kreislaufwirtschaft. Das Buch zeigt: Das magische Geschoss („Silver Bullet") der Nachhaltigkeit gibt es

nicht. Dadurch macht das Buch das Finden konkreter Lösungen realistischer.

Markus Große Ophoff

Lehmann, Harry / Hinske, Christoph / de Margerie, Victoire / Slaveikova Nikolova, Aneta (Hrsg.): The Impossibilities of the Circular Economy. Separating Aspirations from Reality, Routledge, London 2022, 332 S., E-Book ISBN 9781003244196, Open Acecess: https://doi.org/10.4324/9781003244196

Kurz notiert

Forster, Mathias / Schümann, Christopher (Hrsg.):
Das Gift und wir. Wie der Tod über die Äcker kam und wie wir das Leben zurückbringen können.
Westend Verlag, Frankfurt a. M. 2020, 448 S., 29,95 €, ISBN 978-3-864-89294-3

Moosvi, Syed Kazim / Naqash, Waseem Gulzar / Najar, Mohamed Hanief :
Green Chemistry. Principles and Designing of Green Synthesis.
De Gruyter, Berlin 2021, 75 S., 39,95 €, E-Book, ISBN 978-3-11-075203-8

Rich, Nathaniel:
Die zweite Schöpfung. Wie der Mensch die Natur für immer verändert.
Rowohlt Verlag, Berlin 2022, 320 S., 24,00 €, ISBN 978-3-7371-0138-7

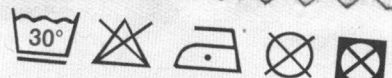

100% Nachhaltigkeit

Grüner Kapitalismus als gefährliche Illusion

Atomare Rückwärtsrolle durch Mini-AKW

Rebound-Effekte und politische Rahmensetzung

Demokratisches Update durch permanente Bürger(innen)räte?

SPEKTRUM NACHHALTIGKEIT

Die gesellschaftliche Diskussion um die Zukunft ist vielschichtig. Im Spektrum Nachhaltigkeit veröffentlicht die politische ökologie deshalb – unabhängig vom jeweiligen Schwerpunktthema – Fachbeiträge, die sich mit verschiedenen Aspekten der Nachhaltigkeit auseinandersetzen. – Viel Vergnügen beim Blick über den Tellerrand!

Warum die Blütenträume des grünen Kapitalismus nicht reifen

Gefährliche Illusionen

Von Wigbert Tocha

▬▬▬▬Das 21. Jahrhundert entwickelt sich, so hat es den Anschein, mehr und mehr zu einem Jahrhundert der enttäuschten Hoffnungen. Trotz aller Warnungen werden Lebensräume und Ökosysteme immer weiter zerstört, das menschengemachte Artensterben geht weiter. Trotz aller wissenschaftlichen Einsicht über die Gefährlichkeit eines hohen Ausstoßes von Treibhausgasen haben die Emissionen von Kohlendioxid einen historischen Höchststand erreicht. Trotz der Erkenntnis, dass es unüberbrückbare Grenzen des Wachstums gibt, werden immer neue Grenzen überschritten, und auch die sogenannte Energiewende, das zentrale Projekt der neokapitalistischen Modernisierung, wird in das fatale Prinzip der Energieerzeugung durch Plünderung eingereiht. Trotz des mahnenden Appells „Nie wieder Krieg!", der nach 1945 ein breiter Konsens war, erleben wir heute eine unglaubliche Anhäufung von Waffen und eine erschreckende Bereitschaft zum Kriegführen.

Zu den verführerischen Antworten, die im 21. Jahrhundert gegeben werden, gehören die Verheißungen eines vermeintlich neuen, eines grünen Kapitalismus. Die Schalmeien der sogenannten Green Economy und einer umfassenden Digitalisierung erklingen und wollen glauben machen, die Probleme lösen zu können. Doch die versprochene Versöhnung von Ökonomie und Ökologie bleibt aus, und zu den Enttäuschungen gesellt sich eine weitere: Ökologische Probleme werden bestenfalls verlagert, aber nicht gelöst.

Wenn wir nach den Ursachen des Dilemmas suchen, dann stoßen wir auf Muster, die nicht überwunden worden sind und die heute neu verpackt werden. Zu nennen ist zuallererst das nach Dominanz strebende technizistische Muster, das unseren Begriff von Fortschritt gefährlich eingeengt hat. Denn Fortschritt wird weitgehend nur noch als technologische Innovation definiert, nicht als sozialer und ethischer Fortschritt. Treten krisenhafte Zuspitzungen auf, dann sollen sie durch den Einsatz von anderer und von noch mehr Technik gelöst werden.

Fataler Glaube an Wunderwaffen

Als besondere Spielart des Technizismus hat sich im 21. Jahrhundert das technoökologische Muster herausgebildet, das bis in die Umweltbewegung hinein wirksam ist. Sowohl die Green Economy als auch die Überhöhung der erneuerbaren Energien etwa als »Freiheitsenergien« stehen für den Versuch, mit veränderten technisch-industriellen Verfahren ökologische Probleme lösen zu wollen. Immer lauter werden die Rufe – und dies prägt auch das Programm der sich selbst als „Fortschrittskoalition" bezeichnenden Ampelregierung in Berlin –, die erneuerbaren Energien zu »entfesseln« und ihren Ausbau über alle Hürden hinweg radikal zu beschleunigen. Auf die Belange des Natur- und Landschaftsschutzes wird dabei immer weniger Rücksicht genommen. Die Versuche, die fossilen Energien durch regenerative Energien zu ersetzen und gleichzeitig die Wachstumsökonomie weiter zu befeuern, erweisen sich als eine technizistische Illusion. Es ist der Glaube an eine Wunderwaffe, an eine Energieerzeugung, die vermeintlich ohne ökologische Verbräuche auskommt. In Deutschland gibt es laut einer Studie von Ökoinstitut und Prognos im Auftrag des World Wildlife Fund ein Potenzial an erneuerbaren Energien von insgesamt lediglich 700 Terawattstunden (TWh). Jedoch verbrauchen wir ein Vielfaches – rund 2.500 TWh – an Endenergie im Jahr, wobei Strom davon nur 20 Prozent ausmacht.

»Erneuerbare« Energien stehen keineswegs unerschöpflich zur Verfügung. Windkraftanlagen etwa kommen schnell an physikalische und meteorologische Grenzen. Geeignete Standorte in Deutschland sind äußerst knapp. Windkraft ist zudem volatil: Die Leistung schwankt, man muss Wege finden, die Energie zu speichern und gleichmäßig abrufbar zu machen. Der Ingenieur Volker Quaschning fordert, dass wir deshalb unsere Speicherkapazität vertausendfachen müssen. – Alles kein Problem!? Die effizientesten Speicher wären Pumpspeicherkraftwerke, die aber bestimmte geografische Gegebenheiten erfordern und mit einer erheblichen Landschaftszerstörung einhergehen. Doch das zählt wenig im Weltbild der Technizist(inn)en. Das gilt auch für die erheblichen ökologischen Schäden, die mit der Errichtung von Windkraftanlagen insbesondere im Wald und in der Nähe von Gewässern angerichtet werden.

Grüne Gier und neokoloniale Ausbeutung

Mit dem Konzept einer vorgeblich CO_2-freien Wirtschaft hat die weltweite Jagd auf bestimmte Rohstoffe begonnen. Dazu gehören Kobalt, Lithium und Graphit, die in den Batterien von Elektroautos verbaut werden, Platin, Iridium und Nickel, die für die Elektrolyse bei der Erzeugung von Wasserstoff benötigt werden, und Kupfer, mit dem die Spulen von Windkraftgeneratoren bestückt werden. Zwei Beispiele von vielen: Im Osten des krisengeschüttelten Kongo, wo es die größten Kobaltvorkommen gibt, werden unter katastrophalen Bedingungen Dörfer umgesiedelt, um im Tagebau nach dem Stoff zu graben – teilweise auch mit Kinderarbeit. Und in der Atacama-Wüste in Chile, wo das »weiße Gold« Lithium gefördert wird, rauben die Minengesellschaften den Ureinwohner(inne)n das knappe Gut Wasser und die Perspektive auf ein auskömmliches Leben. Die ansässige Bevölkerung erlebt die neue globale Ökonomie als neokoloniale Inbesitznahme.

Hochproblematisch sind auch die Pläne der EU, künftig im großen Stil »grünen« Wasserstoff aus Afrika zu importieren, vor allem aus Nord- und Westafrika. Die Produktion von Wasserstoff in Afrika verschlingt dort kostbares Süßwasser, weil für die Elektrolyse nicht nur der mit Sonne oder Wind erzeugte Strom, sondern sehr viel Wasser – rund zehn Liter, um ein Kilogramm Wasserstoff zu erzeugen – nötig ist. Dieser

Verbrauch tritt in direkte Konkurrenz zur Landwirtschaft und zur Nutzung des Wassers als wertvolles Lebensmittel. Gerade in jenen afrikanischen Ländern, die zwar über viel Sonne und Wind verfügen, aber unter Trockenheit leiden, ist dies fatal.

Akkumulationslogik überwinden

Die Krise ist umfassend. Wir müssen wieder neu lernen, in Zusammenhängen zu denken. Trotz der enormen Gefahr, die vom menschengemachten Klimawandel ausgeht, halte ich ein Narrativ und eine Politik, die sich die Lösung allein durch eine technisch ins Werk gesetzte Reduktion von Treibhausgasen verspricht, für unzureichend. Der kritische Blick auf die freigesetzten Parts per Million (ppm) an CO_2 und an anderen Treibhausgasen ist wichtig – und bleibt gleichzeitig verengt, wenn die toxischen Muster nicht erkannt werden, die den verschiedenen Erscheinungsformen der Krise zugrunde liegen. Die Rede ist von der kapitalistischen Mathematik des Mehr und der Gier. Sie zeigt sich in der Akkumulation von Kriegswaffen genauso wie in der Akkumulation von Treibhausgasen und in der Zerstörung von Naturräumen.

Kluge Autor(inn)en haben diese Zusammenhänge längst erkannt. Ich nenne das epochemachende Werk „Die Grenzen des Wachstums", das vor fünfzig Jahren erschien und nichts an Aktualität eingebüßt hat. Aufgezeigt wird, dass Technik Teil des Problems ist, solange sie dazu dient, immer mehr Wachstum zu generieren. Zum Teil der Lösung wird sie erst in einer Gleichgewichtslogik, die das aggressive Akkumulationsmuster überwindet. Dann können technologische Maßnahmen – wie die Wiederverwertung von Abfällen oder die verlängerte Nutzungsdauer von Investitionsgütern – ihre segensreiche Wirkung entfalten.

Gut hundert Jahre zuvor hatte Karl Marx in seinem Werk „Das Kapital" den kapitalistischen Wachstumszwang entschlüsselt. Einzelkapitale sind in ihrem Ringen um Profite auf die ständige Kapitalakkumulation angewiesen. In dieser irrationalen Form des Wirtschaftens, die als Überlebenskampf konzipiert ist, führt es zur Rezession und zur Wirtschaftskrise, wenn weniger produziert und verkauft wird. „Big is beautiful" ist das unerbittlich herrschende Mantra. Denn ohne immer größere Märkte und ohne Expansion droht das Scheitern.

Perestroika für das 21. Jahrhundert

In dieser Analyse liegt der Ausgangspunkt für den Ausweg aus dem Dilemma. Es geht bei der Perestroika des 21. Jahrhunderts um das große politische und soziale Ziel, eine solidarische Gesellschaft auf einer schmaleren materiellen Basis zu bauen. Notwendig sind die industrielle Abrüstung, beginnend mit der militärischen Abrüstung, die »Kunst der Reduktion« und das Zurückfahren der Energieumwandlung insgesamt. Außerdem geht es um die eine sozialwirtschaftliche Architektur des Gemeinwesens, ohne die all das nicht umsetzbar ist. Wir brauchen die ökologische Bedarfswirtschaft als Ökonomie der Zukunft. Sie ist gemeinwirtschaftlich ausgerichtet, der Mechanismus der Konkurrenz miteinander ringender Kapitale muss überwunden werden. Zu Ende kommen muss eine Produktion für einen imaginären Markt, für den in der Hoffnung produziert wird, dass immer mehr verkauft werden kann. Im Vordergrund des Wirtschaftens muss die Frage stehen: Was brauchen wir – von der Versorgung mit Nahrungsmitteln über das Wohnen bis hin zur medizinischen Versorgung – sodass wir ein auskömmliches Leben führen können? Und wie lässt sich das gesellschaftlich sicherstellen?

Dem alten Slogan der Ökobewegung „Small is beautiful" ist in Zeiten einer Globalisierung, die mit immer härteren Bandagen ausgetragen wird, zu neuer Geltung zu verhelfen. Statt immer gewaltigere Märkte zu schaffen – dafür steht insbesondere auch die EU –, plädiere ich für die Kleinheit auch bei der Konstruktion von souveränen Staaten. Diese Idee geht auf den Vordenker der Umweltbewegung Leopold Kohr und sein Buch „Das Ende der Großen – Zurück zum menschlichen Maß" (erstmals im Jahr 1986 auf Deutsch erschienen) zurück. Kleine

Staaten mit überschaubaren Märkten können ihre regionalökonomische Versorgung demokratisch absichern und schützen und gleichzeitig kulturelle Offenheit und eine ökologische Rückbindung im Sinne des „global denken, lokal handeln" kultivieren. Die bedarfsorientierte Selbstversorgung im staatlichen Gemeinwesen ist ein ökologischer Befreiungsschlag, weil die monströsen Lieferketten, die Materialschlachten und ausufernden Energieverbräuche, die weltumspannende Großstrukturen zur Folge haben, aufgehoben werden.

Utopisch? Ja, es ist gegen den Trend. Aber wir müssen den Mut haben, wieder stärker um den richtigen Weg zu streiten und die Ziele klar zu benennen – auch wenn wir dabei als Träumer(innen) abgestempelt werden. _____

Zum Autor

Wigbert Tocha ist Autor und Sozialphilosoph. Er war Redakteur, unter anderem bei der kritisch-christlichen Zeitung »Publik-Forum«. Seine thematischen Schwerpunkte sind gesellschaftsethische und ökologische Fragestellungen.

Kontakt

Wigbert Tocha

E-Mail wigbert@gmx.de

Der Hype um Mini-AKW

Atomare Rückwärtsrolle

Von Angela Wolff

▬▬▬▬„Wir bieten eine Option, um die Welt zu retten", verspricht Boris Schucht. Der 55-Jährige ist CEO des britisch-deutsch-niederländischen Atomkonzerns Urenco. Das Unternehmen, das im nordrhein-westfälischen Gronau die zweitgrößte Urananreicherungsanlage der Welt betreibt, gehört zu den Marktführern für nukleare Brennstoffe. Seit einigen Jahren arbeitet Urenco außerdem intensiv an der Entwicklung eines Mini-Reaktors und liegt damit voll im Branchentrend. Kleine Reaktoren sollen die angeschlagene Atomindustrie retten oder – glaubt man den Verheißungen der Atomlobby – das Klima, die Energieversorgung, den Wohlstand, die Menschheit oder eben auch gleich die ganze Welt. Die kleinen Reaktoren, sogenannte „Small

Modular Reactors" (SMR), haben eine elektrische Leistung von bis zu 300 Megawatt. Das entspricht etwa einem Fünftel der durchschnittlichen Leistung konventioneller AKW. SMR, so die Idee, sollen in Fabriken serienmäßig in großer Stückzahl produziert werden. Das unterscheidet sie von bisherigen Mini-Kraftwerken. Denn kleine modulare Reaktoren an sich sind keine neue Erfindung. Sie werden bereits seit Mitte des vergangenen Jahrhunderts unter anderem als Antriebstechnik für U-Boote oder Eisbrecher eingesetzt.

Ob die Atomindustrie allerdings jemals Minimeiler en masse herstellen wird, ist weder technisch noch ressourcenmäßig geklärt. Die SMR-Entwicklung ist mindestens 15 Jahre und viele Milliarden Euro von der Serienreife entfernt. Finanziert wird die SMR-Forschung unter anderem von der EU. Dabei ist die Motivlage mehr als zweifelhaft, denn SMR räumen die grundlegenden Probleme der Atomenergie keinesfalls aus – im Gegenteil, sie verschärfen sie zum Teil sogar.

Ungeklärte Sicherheitsfragen und noch mehr Atommüll

Wird Atomkraft zur Massenware, hat das massive Auswirkungen auf die nukleare Sicherheit. Denn wenn statt der aktuell rund 400 AKW in 30 Ländern viele Tau-

sende kleine Reaktoren über den gesamten Globus verteilt sind, funktionieren die bisherigen Kontroll- und Überwachungsmechanismen nicht mehr – weder national noch international. Das betrifft den Schutz vor Unfällen und Terrorangriffen ebenso wie Sicherheitsmaßnahmen gegen den Missbrauch von Atomtechnik für militärische Zwecke oder die Entnahme und Verbreitung von radioaktivem Material zur Herstellung von Atomwaffen (Proliferation). Abstriche in puncto Sicherheit wären schon aus Kostengründen wahrscheinlich.

Mit der Anzahl von Reaktoren steigt unweigerlich auch das Unfallrisiko. Aufgrund des geringeren radioaktiven Inventars bei niedriger Leistung wären die Auswirkungen zwar weniger schwerwiegend und lokal begrenzt, hätten aber möglicherweise dennoch dauerhafte Konsequenzen für Mensch und Umwelt. Bei den leistungsstärkeren SMR im Bereich von 300 Megawatt kann auch nicht mehr die Rede von geringem radioaktiven Inventar sein – hier wären die möglichen Folgen eines Unfalls katastrophal.

Eine aktuelle Studie der Stanford University kommt zu dem Ergebnis, dass kleine modulare Reaktoren das Atommüllproblem zusätzlich verschärfen würden. Die untersuchten SMR-Typen produzieren bedingt durch ihre Bauweise mehr und stärker strahlenden Atommüll als konventionelle AKW. Bezogen auf die produzierte Energie verursachen kleine Reaktoren laut Studie bis zu 5,5 mal mehr verbrauchte Kernbrennstoffe. Die darin enthaltenen hochradioaktiven Nuklide sind zudem deutlich höher konzentriert als bei gängigen Reaktoren und nicht kompatibel mit heutigen Behältersystemen. Bei dem Betrieb der kleinen Reaktoren werden zudem mehr Neutronen freigesetzt. Dies führt zu stärkeren Kontaminationen etwa von Stahl und Beton im Reaktorbereich. Die Wissenschaftler(innen) der Stanford University gehen davon aus, dass SMR das Volumen radioaktiver Abfälle abhängig vom Design insgesamt um das Doppelte bis 30-Fache erhöhen würden. [1] Staaten, die die SMR-Entwicklung vorantreiben, nehmen damit in Kauf, dass das nach wie vor ungelöste Atommüllproblem um ein Vielfaches wächst. Wenn viele kleine Reaktoren an vielen unterschiedlichen Orten entstehen, vervielfacht sich auch die Anzahl der Atommülltransporte. Auch das hätte massive Auswirkungen für die Sicherheit.

Nicht wirtschaftlich betreibbar und für den Klimaschutz untauglich

Atomkraft ist die teuerste Art der Energie-Erzeugung. Rein ökonomisch betrachtet, sind Investitionen in den Bau von Atomanlagen kompletter Unsinn. AKW-Projekte sind allenfalls für Investor(inn)en attraktiv, wenn sie staatlich gefördert werden. Kostenmäßig kann die Atomindustrie weder aktuell noch zukünftig mit der Erneuerbaren-Branche mithalten. Ihre Kraftwerke sind sogar um ein Vielfaches teurer als Solar- oder Windkraftanlagen. Das gilt für große Reaktoren und erst recht für kleine, die aufgrund der geringeren Leistung Nachteile hinsichtlich der Produktions- und Betriebskosten aufweisen. Auch die von der Atomindustrie angepeilte Serienproduktion von Mini-Reaktoren würde daran nichts ändern. Das Öko-Institut hat am Beispiel eines geplanten 225-Megawatt-Druckwasser-Reaktors der Firma Westinghouse aufgezeigt, dass sich die Produktion im Verhältnis zu einem AKW mit fünffacher Leistung erst ab einer Stückzahl von 3.000 rechnen würde. (2) Diese Größenordnung ist allerdings sowohl produktions- als auch absatztechnisch unvorstellbar. SMR sind selbst gegenüber Atomkraftwerken mit großer Leistung nicht wettbewerbsfähig, von Anlagen erneuerbarer Energie ganz zu schweigen. Fazit: Das Interesse von Staaten an der Entwicklung von SMR lässt sich nicht mit wirtschaftlichen Motiven erklären. Dennoch ist der aktuelle SMR-Hype maßgeblich von Subventionen und Fördergeldern getragen, mit denen die marode Atomindustrie ihren Selbsterhalt anstrebt.

Die Atomlobby preist ihre kleinen Zukunftsreaktoren auch als Antwort auf die Klimakrise an. Allerdings unterschlägt sie in ihrer Erzählung sämtliche Unsicherheitsfaktoren, allem voran den Zeitaspekt. Denn trotz jahrzehntelanger Forschung und Entwicklungsarbeit sind SMR von der Serienreife weit entfernt. Viele der in den Medien diskutierten Reaktortypen existieren nur auf Papier. Tatsächlich neu und innovativ ist keine der Ideen. Es sind alte Konzepte oder Techniken, die wegen sicherheitstechnischer Probleme bereits mehrfach gescheitert sind, wie etwa der „Schnelle Brüter". Sollten diese SMR-Linien jemals realisiert werden, läge ihre kommerzielle Nutzung einige Jahrzehnte in der Zukunft.

Einen deutlichen Entwicklungsvorsprung haben SMR-Konzepte, die auf der klassischen Leichtwasser-Reaktortechnik basieren – mit all ihren Problemen. Aber selbst hier ist eine serielle Produktion frühestens ab 2035 denkbar – der Klimawandel müsste so lange pausieren.

Ebenso wie große Atomkraftwerke sind auch Mini-AKW kein sinnvoller Beitrag zum Klimaschutz. Die Transformation des Energiesektors muss längst vollzogen sein, bevor neue Reaktoren, egal ob groß oder klein, einsatzbereit wären. SMR werden weder als Backup für Solar- und Windkraft benötigt, noch – wie mitunter vorgeschlagen – als Ersatz für Dieselgeneratoren in entlegenen Gebieten. Erneuerbare Energien, intelligente Netze, dezentrale kleine Solarmodule („Microgrids") und Speichertechnologien sind zuverlässiger, schneller und kostengünstiger verfügbar als Atomenergie. Dennoch pumpen einzelne Länder wie die USA, Russland oder China und Staatenbündnisse wie die EU viele Milliarden Euro in die Erforschung und Entwicklung neuer Reaktorlinien und verkaufen das als Nachhaltigkeitsoffensive. Dieses Geld ist für die Energiewende und somit für den Klimaschutz verloren.

Zivil-militärische Abhängigkeiten

Small Modular Reactors sind also weder sicher noch sauber noch billig. Sie werden weder für die Energieversorgung gebraucht, noch leisten sie einen positiven Beitrag zum Klimaschutz. Vor diesem Hintergrund müssten die beteiligten Regierungen jegliche Forschungs- und Entwicklungsarbeit im Bereich neue Reaktoren und SMR eigentlich stoppen. Es ist daher völlig klar, dass die gesamte Reaktorforschung inklusive der Bestrebungen im Bereich Mini-Reaktoren andere Interessen verfolgt. Die USA, China, Russland, Großbritannien oder die EU pumpen nicht Millionen und Milliarden in die Nuklearforschung, weil sie sich geirrt haben. Dahinter stecken vor allem militärische und geopolitische Interessen. Es ist kein Zufall, dass einige Unternehmen, die an SMR-Entwicklungen beteiligt sind, gleichzeitig im Rüstungsbereich tätig sind. Rolls Royce etwa stellt Flugzeugturbinen und Schiffsantriebe für den militärischen Bereich her. Das Unternehmen liefert seit Jahrzehnten Minireaktoren für Großbritanniens Atom-U-Boote. Die nukleare Antriebstechnik ermöglicht langes Abtauchen und eine nahezu geräuschlose und somit unentdeckte Fahrt durch die Weltmeere. Es ist wenig überraschend, dass alle sechs Militärmächte, die über Atom-U-Boote verfügen, auch SMR-Konzepte verfolgen. Wenn Großbritannien das zivile SMR-Programm von Rolls Royce mit 250 Millionen Euro bezuschusst, dient das vor allem der Querfinanzierung zur Entlastung des britischen Verteidigungshaushaltes. Die Atomindustrie und nukleare Forschungseinrichtungen profitieren ebenfalls. Auch Urencos Mini-Reaktor „U-Battery" wird von der Britischen Regierung mit zehn Millionen Euro gefördert und soll unter anderem Militärstützpunkte mit Strom versorgen.

Die zivile und die militärische Atomenergienutzung sind nicht voneinander zu trennen. Mit der Förderung der zivilen Atomindustrie halten Atommächte wie Frankreich oder die USA den nuklear-militärischen Sektor am Leben. Denn dieser ist abhängig von Forschung, Lehre, Entwicklung und der industriellen Infrastruktur des zivilen Sektors. Umgekehrt ist die Atomindustrie ohne den militärischen Bereich und den Griff in die Staatskassen nicht überlebensfähig.

Beim russischen Staatskonzern Rosatom sind die zivile und die militärische Atomkraftnutzung gleich in einer Hand. Und auch der französische Präsident Emmanuel Macron hat die wechselseitige Abhängigkeit 2020 bei einem Besuch in der Atomschmiede von Le Creusot klar benannt: „Ohne zivile Atomkraft keine militärische Atomkraft und ohne militärische Atomkraft keine zivile." ____ ▬

Anmerkungen

(1) www.pnas.org/doi/full/10.1073/pnas.21118 33119

(2) www.base.bund.de/SharedDocs/Downloads/ BASE/DE/berichte/kt/gutachten-small-modular-reactors.pdf;jsessionid=47349E329D690A6C7A-39048F826E7D6A.2_cid365?__blob=publicationFile&v=6

Zur Autorin

Angela Wolff hat Medien- und Kulturwissenschaften studiert und ist freie Journalistin. Sie ist Sprecherin des Arbeitskreises Atomenergie und Strahlenschutz. Zuvor hat sie als Fachreferentin beim BUND gearbeitet und war Campaignerin bei der Anti-Atom-Organisation .ausgestrahlt.

Kontakt

Angela Wolff
Bund für Umwelt und Naturschutz
Deutschland e. V. (BUND)
E-Mail angela.wolff@bund.net

Rebound-Effekte in Unternehmen

Auch die Politik ist gefragt

Von Franziska Wolff und Stefan Schaltegger

━━━ Die Verbesserung der Energie- und Materialeffizienz gilt als eine zentrale Strategie, um Umweltverbräuche und Rohstoffabhängigkeiten von Wirtschaft und Gesellschaft zu mindern. Aber sie stößt immer wieder an Grenzen. Dazu gehören sogenannte Rebound-Effekte, also Auswirkungen, die dazu führen, dass sich das Einsparpotenzial von Effizienzsteigerungen nicht oder nur teilweise erfüllt. Entstehen Rebound-Effekte in Unternehmen, erschweren betriebswirtschaftliche Logiken ihre wirkungsvolle Eindämmung. Was kann unternommen werden, um solche gesamtgesellschaftlich unerwünschten Effekte zu mindern?

Rebound-Effekte, die durch das Handeln von Verbraucher(inne)n entstehen, wurden in den vergangenen Jahren intensiv diskutiert: Ersetzt ein Haushalt beispielsweise eine alte Heizung durch eine energieeffiziente neue Anlage, kann Geld gespart werden, das oft in neue Verbräuche investiert wird – eine höhere Heiztemperatur, ein Urlaubsflug et cetera. In Unternehmen treten solche Bumerangeffekte auf, wenn durch unternehmerische Maßnahmen zur Energie- und Materialeffizienz Mittel eingespart werden, die dann für neue, energie- oder materialverbrauchende Aktivitäten eingesetzt werden. Rebounds führen dazu, dass trotz steigender Energie- oder Material-

effizienz die absoluten Ressourcenverbräuche nicht im geplanten – und ökologisch notwendigen – Umfang sinken. Sie stellen damit ein ökologisches Wirkungsdefizit von Effizienzmaßnahmen dar.

Wie groß ist dieses Problem? Hierzu gibt es kein einheitliches Bild: Studien verweisen darauf, dass Rebound-Effekte je nach Ressource, Branche, Land und Zeit zwischen fünf und 350 Prozent der erwarteten Einsparung ausmachen können. Ab 100 Prozent sinken die Verbräuche im Nachgang zur Effizienzmaßnahme nicht, sondern steigen vielmehr (sogenannter Backfire-Effekt).

Verpuffte Einsparwirkung

Im vom Bundesforschungsministerium (BMBF) geförderten Projekt „Ganzheitliches Management von Energie- und Ressourceneffizienz in Unternehmen" (MERU) haben wir uns die Entstehung von Rebound-Effekten in Unternehmen näher angeschaut. (1) Am Anfang stehen dabei stets technische und/oder organisatorische Effizienzmaßnahmen des Unternehmens, von denen erwartet wird, dass sie die Energie- oder Materialverbräuche senken. Nicht entscheidend ist, ob es sich um Ersatz- oder Erweiterungsinvestitionen handelt und ob die Maßnahmen aus ökologischen, finanziellen, technologischen oder anderen Gründen durchgeführt werden. Rebound-Effekte entstehen dann, wenn die erwarteten Einsparungen durch Verhaltensanpassungen im Vorgriff auf oder im Nachgang zu den Effizienzgewinnen zumindest teilweise zunichtegemacht werden.

Denn spart das Unternehmen durch eine Effizienzmaßnahme Energie oder Material, kann es nach Amortisierung der Maßnahme die mit der Maßnahme einhergehende Kosteneinsparung oder die gestiegene Leistung neu verwenden. Beispielsweise kann es damit seinen Absatz erhöhen; der entsprechende Rebound heißt Output-Effekt.

Das Unternehmen kann mit den Mitteln aber auch automatisieren oder digitalisieren und so Arbeitskraft durch Energie und Material ersetzen (Faktor-Substitutions-Effekt). Oder die Firma erhöht im Zuge der Effizienzmaßnahme die Leistung betrieblicher Prozesse (Re-Utilisation-Effekt): Sie klimatisiert beispielsweise mit ihrer neuen, effizienteren Klimaanlage größere Flächen als vorher. Effizienzgewinne lassen sich auch nutzen, um Leistung, Komfort oder Sicherheit des Produkts zu erhöhen (Re-Design-Effekt) oder um zusätzliche Produkte, Produktvarianten und Dienstleistungen zu entwickeln (Re-Investment-Effekt). Nicht zuletzt kann das Unternehmen damit auch konsumptive Ausgaben tätigen (Re-Spending-Effekt). Rebounds und ähnliche Effekte betreffen auch die Wertschöpfungskette. So erhöht leistungssteigerndes Re-Design eines Produkts Verbräuche bei den Kund(inn)en, während Automatisierung und Digitalisierung Verbräuche in der Vorkette verursachen, zum Beispiel zur Herstellung von Robotern und Sensoren. (2)

Unternehmen können Rebound-Effekten gegensteuern. Ansatzpunkte dafür haben wir in einen Management-Leitfaden zusammengetragen. (3) Nötig ist zunächst, dass das Bewusstsein für und das Wissen über Wirkungsdefizite durch Rebound-Effekte in Unternehmen steigen. Rebounds sind bereits bei der Planung von Effizienzmaßnahmen und Investitionen mitzudenken. Es hilft, wenn Unternehmen absolute Energie- und Materialeinsparziele definieren statt relativer Effizienzziele und die Verbrauchsentwicklungen nach durchgeführten Effizienzmaßnahmen besser (auch mittelfristig) monitoren. Und sie brauchen eine Strategie zum Umgang mit finanziellen Einsparungen, die durch Controllingprozesse untermauert wird. Kern davon ist eine Selbstverpflichtung, Kosteneinsparungen, die aus Effizienzmaßnahmen resultieren, in weitere, ambitionierte Umwelt- und Effizienzmaßnahmen zu investieren. So lassen sich sogar Verstärkungseffekte erzielen (Reinforcement), die Einsparungen aus der ursprünglichen Maßnahme vergrößern. Je nachhaltiger ein Unternehmen bereits ausgerichtet ist, desto weniger Aufwand bedeuten diese Änderungen.

Planetare Grenzen brauchen politischen Rahmen

Eine wichtige Rolle kommt auch der Politik zu. (4) Denn viele Unternehmen betrachten Rebound-Effekte zunächst nicht unbedingt als Problem. Sie sehen sie vielmehr als Begleiterscheinung gängiger betriebswirtschaftlicher Prozesse, teils sogar als ihr Ziel: Unternehmen nutzen Mittel, die sie durch effizientes Wirtschaften einsparen, um Marktanteile zu erhalten beziehungsweise Gewinnziele zu verbessern oder um die Zufriedenheit von Mitarbeitenden und

Investor(inn)en zu erhöhen. Dass die Aktivitäten mit neuen Energie- und Materialverbräuchen einhergehen, kann bei ökologischen Vorreiterfirmen oder Unternehmen in besonders energie- oder materialintensiven Branchen auf Bedenken stoßen. Für viele Unternehmen ist es jedoch zunächst akzeptabel, wenn ihre Verbräuche insgesamt steigen (oder zumindest weniger sinken, als möglich wäre), solange die Verbräuche pro Produkteinheit sinken und damit Fortschritte dokumentiert und die Wettbewerbsfähigkeit gesichert werden können. Da das absolute weltweite Ressourcenverbrauchsniveau planetare Belastungsgrenzen jedoch überschreitet, bedarf es politisch gesetzter Rahmenbedingungen.

Erste Voraussetzung hierfür ist, dass politischen Entscheidungsträger(inne)n bewusst wird, dass Effizienzgewinne aufgrund von Rebound-Effekten häufig geringer ausfallen als dies im Voraus technisch erwartbar wäre. Dennoch bleiben politische Anreize für Energie- und Materialeffizienz wichtig. Effizienzmaßnahmen müssen jedoch wirksamer ausgestaltet und durch Rahmensetzungen begleitet werden.

Fokus auf die absolute Minderung

Staatliche Akteurinnen und Akteure können das Bewusstsein für und Management von Rebound-Effekten in der Wirtschaft fördern, indem sie das Thema in ihre Kommunikation gegenüber der Wirtschaft aufnehmen und in die Aus- und Weiterbildung einbetten. Identifikation und Management von Rebound-Effekten lassen sich auch in staatliche Energie- und Umweltmanagementsysteme (z. B. EMAS) integrieren. Eine verpflichtende Einführung von Umweltma-

nagementsystemen und die Ausweitung eines verpflichtenden Energiemanagements (nicht nur Energieaudits) auf einen größeren Kreis von Unternehmen würde helfen, weitere Effizienzpotenziale auszuschöpfen. Staatliche Effizienzförderung lässt sich reboundbewusster ausgestalten, wenn Empfänger(innen) standardmäßig Umweltentlastungen monitoren und nachweisen müssen, inwieweit die geförderte Maßnahme oder Technologie tatsächlich zu Verbrauchsminderungen führt. Zudem ist eine Verschiebung von der Energie- zur Materialeffizienzförderung anzustreben. Denn wegen der Energieverbräuche in den Vorketten wird der Materialeffizienz ein größeres Potenzial für Energieeinsparungen und Klimaschutz zugeschrieben als traditionellen Energieeffizienzmaßnahmen. Effizienzstandards anspruchsvoll auszugestalten und häufiger zu aktualisieren, hilft ebenfalls, Effizienz zu fördern und gleichzeitig Rebound-Effekte zu hemmen.

Auf strategischer Ebene sollten Effizienzstrategien angesichts ihrer Wirkungsdefizite grundsätzlich durch Suffizienz- und Konsistenzansätze ergänzt werden. Nicht relative, sondern absolute Einsparungen von Ressourcen sind ins Zentrum politischer Strategien zu rücken. So könnte das für Deutschland bestehende Politikziel, jährlich die Gesamtrohstoffproduktivität zu steigern, um das Ziel ergänzt werden, den Primärrohstoffeinsatz absolut zu senken. Ein solches Makroziel sollte – nach Sektorkonsultationen – auf sektorale sowie ressourcenspezifische Minderungsziele heruntergebrochen werden (z. B. für Baumaterialien, Stahl, Aluminium etc.). Dafür existieren bereits Pilotansätze, von denen sich lernen lässt, beispielsweise im niederländischen Kreislaufwirtschaftsprogramm. Um absolute Verbrauchs(minderungs)ziele tatsächlich zu erreichen, sind Energie- und Materialverbräuche dauerhaft – das heißt unabhängig von der aktuellen Energiepreisentwicklung – zu verteuern. Die daraus gewonnenen Einnahmen sollten zweckgebunden an Unternehmen, aber auch an Haushalte zurückfließen. _____

Anmerkungen

(1) Das MERU-Projekt wird von Öko-Institut, Leuphana Universität Lüneburg, Institut für ökologische Wirtschaftsforschung, Data Center Group und B.A.U.M. e. V. durchgeführt, unterstützt von der Deutschen Unternehmensinitiative Energieeffizienz (DENEFF) und der Landesagentur für Umwelttechnik und Ressourceneffizienz Baden-Württemberg. www.meru-projekt.de

(2) Wüst, S. et al. (2022): Konzeptioneller Rahmen zur Erforschung von unternehmensbezogenen Rebound-Effekten. Lüneburg.

(3) Wolff, F. et al. (2022): Leitfaden für Unternehmen zum Management und der Vermeidung von Rebound-Effekten. Berlin.

(4) Wolff, F. et al. (2022): Ganzheitliches Management von Energie- und Ressourceneffizienz in Unternehmen: Wie können Rebound-Effekte vermindert werden? Handlungsoptionen für die Politik. Berlin.

Zu den Autor(inn)en

Franziska Wolff leitet den Bereich Umweltrecht & Governance am Öko-Institut. Die Politikwissenschaftlerin und Volkswirtin koordiniert das vom BMBF geförderte Projekt MERU.
Stefan Schaltegger ist Wirtschaftswissenschaftler und Professor für Nachhaltigkeitsmanagement am Centre for Sustainability Management (CSM) der Leuphana Universität Lüneburg. Er leitet dort den Studiengang MBA Sustainability Management.

Kontakt

Franziska Wolff
Öko-Institut e. V.
E-Mail f.wolff@oeko.de

Prof. Dr. Stefan Schaltegger
Leuphana Universität Lüneburg
E-Mail stefan.schaltegger@leuphana.de

Demokratisches Update durch permanente Bürger(innen)räte

Democracy for Future

Von Wolfgang Oels

Die Weltgemeinschaft befindet sich in einer existenziellen Krise und gibt bei deren Bewältigung ein geradezu erbarmliches Bild ab. Die Ökosysteme, von denen wir ein Teil sind und von deren Funktionieren unser Überleben abhängt, haben begonnen, zusammenzubrechen. Überschwemmungen, Dürre, Hitze, Hunger – all das ist mittlerweile überall spürbar. Dabei hätten wir die technischen Möglichkeiten gehabt, das größtenteils zu verhindern. Noch immer haben wir die Chance, die multiplen Krisen beherrschbar zu halten. Dass wir das nicht tun, liegt an den Ergebnissen des gesellschaftlichen Subsystems Politik. Das System Politik ist ja weder am fortschreitenden Klimawandel oder der nötigen Energie- und Klimapolitikwende ausgerichtet, noch an einem wie auch immer definierten allgemeinen Wohl. Es zielt auf Macht. Und auf dem Weg dahin zählen Parteispenden von Großspender(inne)n, Gefallen und Gegengefallen, Netzwerke und Allianzen. Das gesellschaftliche Subsystem Politik ist nur sehr lose mit der Gesamtgesellschaft gekoppelt: alle vier bis fünf Jahre gibt es eine sehr begrenzte Wahl aus vorher vom politischen System selbst vorselektierten Wahlmöglichkeiten. In der Zwischenzeit sind Vetternwirtschaft, Korruption und sonstiger finanzieller Einflussnahme derer, die von der Zerstörung unserer Lebensgrundlagen profitieren, wenig Grenzen gesetzt. Wenn uns die wirtschaftliche und soziale Transformation schnell genug gelingen soll, dann müssen wir den Grad der Kopplung des politischen Systems mit der Gesamtgesellschaft drastisch erhöhen. Dafür denkt man zuerst an Elemente der direkten Demokratie, wie etwa Plebiszite. Diese sind in einigen Ländern zu einem festen und gut funktionierenden Bestandteil des politischen Systems geworden. Aber sie sind leider weder ausreichend, noch frei von Problemen: Nicht alle Menschen können sich die Zeit nehmen, um sich umfassend zu informieren. In den Medienschlachten vor den Abstimmungen haben Konzerne mit ihren finanziellen Mitteln einen dominierenden Einfluss. Und häufig ist die Formulierung der Abstimmungsfrage viel wichtiger als die Abstimmung selbst. Zu einer völlig unterkomplexen Frage können Bürger(innen) auch keine weise Entscheidung treffen.

Ein anderes Element drängt sich stattdessen förmlich auf, um durch mehr Demokratie, mehr Rechtsstaat und mehr Gewaltenteilung für eine sehr viel engere Kopplung des politischen Systems mit der Gesamtgesellschaft zu sorgen: Losverfahren, wie sie bereits in der Wiege der Demokratie, dem alten Athen, üblich waren. Dafür werden circa 160 Menschen zufällig ausgelost, die sich dann über einen angemessenen Zeitraum in einem Bürger(innen)rat intensiv mit einer Fragestellung auseinandersetzen und Lösungen erarbeiten. Das Auslosen erfolgt stratifiziert, das heißt in Gruppen, die eine repräsentative Verteilung in Bezug auf Geschlecht oder Alter sicherstellen. Dem Rat stehen Expert(inn)en zur Verfügung, die eine breite und substanzielle Information sicherstellen. In Irland zum Beispiel wurden solche Gremien in der Vergangenheit sehr erfolgreich bei politisch heiklen Themen wie Abtreibung eingesetzt.

Solche Bürger(innen)räte haben in den letzten Jahren vor allem in Europa stark an Bedeutung gewonnen. Allerdings wurden sie immer nur sehr punktuell befragt und die Ergebnisse blieben unverbindlich und verschwanden häufig in der Schublade. Stattdessen brauchen wir einen Bürger(innen)rat auf Augenhöhe, als permanente dritte Kammer, der die seit Montesquieu beschworene Gewaltenteilung forciert. Diese dritte Kammer sollte insbesondere dort Befugnisse haben, wo das politische System derzeit selbst seine eigenen Regeln formuliert, wo gewissermaßen der Bock der Gärtner ist. Insbesondere in den folgenden fünf Themenbereichen könnte ein ausgeloster Bürger(innen)rat als permanente dritte Kammer sinnvoll wirken:

1. Definition des Wahlrechts

Im Saarland regiert die SPD seit diesem Jahr mit absoluter Mehrheit. Sie wurde aber nicht einmal von 25 Prozent der dort lebenden Menschen gewählt. Demokratisch gibt es also noch Luft nach oben. Dabei gibt es mindestens zwei wichtige Stellhebel. Zum einen das Wahlalter. Die Gruppe der Unterachtzehnjährigen macht in Deutschland fast 20 Prozent der Bevölkerung aus. Angesichts der knappen Mehrheitsverhältnisse ist diese Gruppe nicht nur besonders vom Klimakollaps betroffen, sondern in ihrer Größe absolut wahlentscheidend. Die Frage des Wahlalters und der demokratischen Vertretung von Menschen, die es noch nicht erreicht haben, kann daher nicht einer kleinen Gruppe überlassen werden, deren persönliche berufliche Zukunft von der Antwort abhängt.

Der zweite wichtige Stellhebel ist das Konzept der Ersatzstimme. Viele Wähler(innen) der Grünen dürften 2021 die neu angetretene Klimaliste deshalb nicht gewählt haben, weil sie um deren Eintritt in den Landtag gefürchtet haben. In dem Fall wäre ihre Stimme verloren gewesen. Und so war »grün« wählen für viele sicher besser als das drohende »schwarz«. Mit einer Ersatzstimme könnten sie in Zukunft festlegen, an wen ihre Stimme gehen soll, falls die erste Wahl nicht die Fünf-Prozent-Hürde überschreitet.

2. Regelung der Belange von Abgeordneten und Parteien

Mit offener und verdeckter Parteienfinanzierung setzen Konzerne und Superreiche ihre Partikularinteressen weit über das Maß durch, das ihnen demokratisch zusteht. Davon profitieren nicht nur sie, sondern auch führende Politiker(innen), die so ihre Machtbasis sichern oder ihre persönlichen Finanzen aufpolieren können. Es ist jedoch ein (schmutziges) Geschäft zulasten Dritter. Zahlen tun dafür die Bürger(innen): Dürfen Unternehmen und andere juristische Personen durch finanzielle Zuwendungen überhaupt Einfluss auf unsere Demokratie nehmen? Mit welchen Höchstspendensätzen stellen wir sicher, dass der Grundsatz „ein Mensch, eine Stimme" nicht verletzt und demokratische Macht nicht einfach kaufbar wird?

Ähnliches gilt für die Abgeordneten selbst und ihre sogenannten Nebeneinkünfte. Müssen gewählte Volksvertreter(innen) ihre ganze Arbeitskraft dem Mandat widmen? Und dürfen sie Geld annehmen, um Unternehmen Vorteile zu verschaffen? Was soll mit den Amthors, Maskendealern und den Abgeordneten geschehen, die insgesamt 30 Millionen Euro vom autokratisch regierten Erdölstaat Aserbaidschan bekommen haben? Ein permanenter Bürger(innen)rat könnte solche Fragen der Parteienfinanzierung, Nebeneinkünfte von Abgeordneten und das dazugehörige Strafrecht ordentlich regeln und diese Regeln permanent weiterentwickeln.

3. Erarbeitung eines Strafrechts für Minister(innen)

Da Minister- und Bundeskanzler(innen) wie niemand anderes unser Gemeinwesen und unseren Rechtsstaat repräsentieren, sollten die Ansprüche an ihre Integrität und die Strafen bei Verstößen hoch sein. Das Gegenteil ist der Fall. Der ehemalige Bundeswirtschaftsminister Otto Graf Lambsdorff wird im Zusammenhang mit der Flickaffäre rechtskräftig wegen Steuerhinterziehung verurteilt. Ins Gefängnis muss er nicht. Das Bundeswirtschaftsministerium erstattet ihm sogar seine Anwaltskosten in Höhe von 515.000 Mark. Ex-Bundesverkehrsminister Andreas Scheuer verstößt vorsätzlich gegen Vergaberecht. Ministerpräsident Söder wei-

gert sich, Urteile des höchsten bayerischen Verwaltungsgerichts zur Luftreinhaltung umzusetzen. Ex-Bundeslandwirtschaftsminister Christian Schmidt stimmt eigenmächtig und gegen den expliziten Auftrag der demokratisch legitimierten Bundesregierung für die europaweite Verlängerung von Glyphosat. Statt schwer bestraft zu werden, gab es in keinem dieser Fälle echte Konsequenzen.

Es ist nicht davon auszugehen, dass das System Politik die notwendigen rechtsstaatlichen Maßstäbe an die Handlungen von Spitzenpolitiker(inne)n anlegen wird. Frösche legen nicht den eigenen Teich trocken. Aber ein Bürger(innen)rat als permanente dritte Kammer wäre in der Lage, ein ordentliches Strafrecht für Minister(innen) zu verabschieden und weiterzuentwickeln.

4. Besetzung und Ausstattung der Staatsanwaltschaften und Gerichte

Die Judikative soll als dritte unabhängige Gewalt Legislative und Exekutive kontrollieren. In Deutschland unterstehen die Staatsanwaltschaften allerdings den Justizministerien. Sie ernennen und befördern Richter(innen) und legen die finanzielle Ausstattung der Gerichte fest. Der ehemalige Verfassungsrichter Böckenförde spricht bei der Besetzung der obersten Gerichte explizit von „Parteipatronage" und „personeller Machtausdehnung der Parteien". Der Verfassungsrechtler von Arnim kritisiert die Nominierung des ehemaligen saarländischen Ministerpräsidenten Peter Müller für das Bundesverfassungsgericht als „weiterer Schritt in den Parteienstaat". Um für eine ordentliche Gewaltenteilung und echte Kontrolle von Legislative und

Exekutive zu sorgen, dürfen diese nicht solchen Einfluss auf die Judikative ausüben. Die Nominierung und Beförderung von Staatsanwält(inn)en und Richter(inne)n gehört in die Hände eines zufällig gelosten Bürger(innen)rats als permanenter dritter Kammer, ebenso wie die Entscheidung über finanzielle Ausstattung der Gerichte und Staatsanwaltschaften.

5. Besetzung der Fernsehräte und finanzielle Ausstattung des öffentlich-rechtlichen Rundfunks

Die Presse wird gern als vierte Gewalt bezeichnet. Angesichts der großen Macht privater Medienkonzerne kommt den öffentlich-rechtlichen Medienanstalten eine immense Bedeutung für unsere Demokratie zu. Leider ist auch hier der Einfluss derjenigen, die eigentlich kontrolliert werden sollen, groß. Zwar hat das Bundesverfassungsgericht festgelegt, dass maximal ein Drittel der Medienratsposten mit Politiker(inne)n besetzt werden dürfen. De facto sind die anderen zwei Drittel jedoch häufig auch mit aktiven oder ehemaligen Politiker(inne)n besetzt, die dort in scheinbar anderer Funktion auftreten. So war es dem ehemaligen hessischen Ministerpräsidenten Koch als stellvertretendem Vorsitzenden des ZDF-Verwaltungsrats möglich, unliebsame

Berichterstattung zu verhindern und den damaligen ZDF-Intendanten Bender abzusetzen. Posten in Medienräten sollten daher von einem Bürger(innen)rat vergeben werden. Er sollte auch über die finanzielle Ausstattung der öffentlich-rechtlichen Medienanstalten entscheiden.

Neben diesen fünf Kategorien gibt es noch weitere Möglichkeiten, wie ein Bürger(innen)rat als permanente dritte Kammer für eine stärkere Kopplung des Systems Politik mit der übrigen Gesellschaft führen kann: die Absetzung überforderter Minister(innen), Veto- oder Initiativrechte, die Finanzierung der parteinahen Stiftungen, die Entgegennahme von Petitionen sowie die Einsetzung themenspezifischer temporärer Bürger(innen)räte.

Die Selbstoptimierung des politischen Systems mit dem überragenden Einfluss derjenigen, die sich dort Einfluss erkaufen, war in der Vergangenheit ärgerlich. Heute ist diese Käuflichkeit zur Überlebensfrage geworden. Ein geloster Bürger(innen)rat als permanente dritte Kammer wäre ein maßgeblicher und systemischer Beitrag für mehr Demokratie, mehr Rechtsstaat und mehr Gewaltenteilung. Es wäre ein notwendiges demokratisches Update für die nötige Energie- und Klimawende. ____ ▬

Zum Autor

Wolfgang Oels ist Wirtschaftsingenieur und promovierter Energieökonom. Er arbeitete als Unternehmensberater bei McKinsey & Company. Seit 2016 ist er Chief Operating Officer bei der Internet-Suchmaschine Ecosia.

Kontakt

Dr. Wolfgang Oels
Ecosia GmbH
E-Mail wolfgang.oels@ecosia.org

Haben Sie eine der letzten Ausgaben verpasst? Bestellen Sie einfach nach!

pö 159 Green New Deal
Fassadenbegrünung oder neuer
Gesellschaftsvertrag. 17,95 €

pö 161 Plastikpoker
Spielregeln für die Entplastifizierung
der Welt. 17,95 €

pö 168 Wandlungsfähig
Das Potenzial transformativer
Umweltpolitik. 18,95 €

Das Gesamtverzeichnis finden Sie unter **www.politische-oekologie.de,** E-Mail neugier@oekom.de

Impressum

politische ökologie, Band 171
Zukunftsfähige Chemie
Impulse für eine nachhaltige Stoffpolitik
Dezember 2022
ISSN (Print) 0933-5722, ISSN (Online) 2625-543X,
ISBN (Print) 978-3-98726-003-, ePDF-ISBN 978-3-98726-227-2
Verlag: oekom – Gesellschaft für ökologische Kommunikation mit
beschränkter Haftung, Waltherstraße 29, D-80337 München
Fon ++49/(0)89/54 41 84-0, Fax -49
E-Mail oxenfarth@oekom.de
Herausgeber: oekom e. V. – Verein für ökologische Kommunikation,
www.oekom-verein.de
Chefredakteur: Jacob Radloff (verantwortlich)
Stellvertr. Chefredakteurin und CvD: Anke Oxenfarth (ao)
Redaktion: Marion Busch (mb), Antonio Mastroianni (am)
Schlusskorrektur: Silvia Stammen
Gestaltung: Lone Birger Nielsen
E-Mail nielsen.blueout@gmail.com
Anzeigenleitung/Marketing: Karline Folkendt,
oekom GmbH (verantwortlich),
Fon ++49/(0)89/54 41 84-217
E-Mail anzeigen@oekom.de
Bestellung, Aboverwaltung und Vertrieb:
Verlegerdienst München GmbH, Aboservice oekom verlag,
Gutenbergstr. 1, D–82205 Gilching
Fon ++49/(0)8105/388-563, Fax -333
E-Mail oekom-abo@verlegerdienst.de
Vertrieb Bahnhofsbuchhandel: DMV Der Medienvertrieb
GmbH & Co. KG, Meßberg 1, 20086 Hamburg

www.blauer-engel.de/uz195
· ressourcenschonend und
  umweltfreundlich hergestellt
· emissionsarm gedruckt
· überwiegend aus Altpapier
MI6
Dieses Druckprodukt ist mit dem Blauen Engel ausgezeichnet

FSC
RECYCLED
Papier
FSC® C110508

Druck: Westermann Druck Zwickau GmbH,
Crimmitschauer Str. 43, 08058 Zwickau.
Gedruckt auf FSC®-zertifiziertem Recyclingpapier.
Bezugsbedingungen: Jahresabonnement Print:
für Institutionen 132,00 €, für Privatpersonen 75,50 €,
für Studierende ermäßigt (gegen Nachweis) 58,00 €.
Print + Digitalabo Institution: 231,00 €, privat: 117,00 €,
ermäßigt (gegen Nachweis): 90,50 €. Alle Preise zzgl. Versandkosten.
Preise gültig ab 01.01.2023. Das Abonnement verlängert sich automatisch,
wenn es nicht sechs Wochen vor Ablauf schriftlich gekündigt wird.
Einzelheft: 18,95 € zzgl. Versandkosten. E-Book-Preis: 14,99 €.
Konto: Postbank München,
IBAN DE59 7001 0080 0358 7448 03, BIC PBNKDEFF.
Nachdruckgenehmigung wird nach Rücksprache mit dem Verlag in der
Regel gern erteilt. Voraussetzung hierfür ist die exakte Quellenangabe
und die Zusendung von zwei Belegexemplaren. Artikel, die mit dem
Namen des Verfassers/der Verfasserin gekennzeichnet sind, stellen nicht
unbedingt die Meinung der Redaktion dar. Für unverlangt eingesandte
Manuskripte sind wir dankbar, übernehmen jedoch keine Gewähr.
Bildnachweise: iStock: Titel: studiocasper, bearb. von Lone B. Nielsen,
Adobe Stock: S. 14 Viklvektor, Backwoodsdesign, S. 25, 47, Stefanie
S. 73 reeel, S. 129 faithle

Die Deutsche Nationalbibliothek – CIP-Einheitsaufnahme. Ein Titeleinsatz
für diese Publikation ist bei der Deutschen Nationalbibliothek erhältlich.

Gender & Transformationen

politische ökologie (Band 172) – Frühjahr 2023

Geschlechtergerechtigkeit gilt national wie international als wichtiges Ziel: Die Ampelkoalition hat sie in der Zukunftsstrategie Forschung als ein zentrales Feld benannt. Damit schließt sie zum einen an den Gender-Mainstreaming-Ansatz an, den die rot-grüne Bundesregierung im Juni 1999 beschlossen hatte. Zum anderen wird damit das Ziel der Agenda 2030 der Vereinten Nationen adressiert, bis 2030 weltweit Geschlechtergerechtigkeit herzustellen (SDG 5).

Aber wie sieht es in der Realität aus? Auf welchem Weg wurden Erfolge erzielt? Wo bestehen systemische Hindernisse, die noch nicht überwunden sind? – Die *politische ökologie* beleuchtet die vergangenen zwei Jahrzehnte in Bezug auf Gender und (umweltpolitische) Transformationsprozesse und hinterfragt kritisch, wie gut es bisher gelungen ist, die unterschiedlichen Bedürfnisse der Geschlechter bei der praktischen Umsetzung zu berücksichtigen. Außerdem benennen die Autor(inn)en klar die neuen Herausforderungen einer gendersensiblen Umwelt- und Klimapolitik.

Die *politische ökologie* (Band 172) erscheint im April 2023 und kostet 18,95 €
Print-ISBN 978-3-98726-004-9, ePDF-ISBN 978-3-98726-228-9